人类十大技术

创新

[意] 马西莫·坦波雷利◎著
谭清月 安 宁◎译

中国科学技术出版社
·北 京·

图书在版编目（CIP）数据

人类十大技术创新 / (意) 马西莫·坦波雷利著；谭清月，安宁译. -- 北京：中国科学技术出版社，2025. 6. -- ISBN 978-7-5236-0899-9

Ⅰ. N091

中国国家版本馆 CIP 数据核字第 2024YZ6843 号

原书名：Noi siamo tecnologia

责任编辑	王绍昱
正文设计	中文天地
封面设计	红杉林文化
责任校对	吕传新
责任印制	徐　飞

出　　版	中国科学技术出版社
发　　行	中国科学技术出版社有限公司
地　　址	北京市海淀区中关村南大街16号
邮　　编	100081
发行电话	010-62173865
传　　真	010-62173081
网　　址	http: //www.cspbooks.com.cn

开　　本	880mm × 1230mm　1/32
字　　数	119千字
印　　张	7.25
版　　次	2025年6月第1版
印　　次	2025年6月第1次印刷
印　　刷	北京顶佳世纪印刷有限公司
书　　号	ISBN　978-7-5236-0899-9 / N · 329
定　　价	78.00元

致敬伟大的佛朗哥·博莱利

前言

这本书讲述了技术与人、机器之间迷人的关系，以及这种关系所带来的所有人类学和社会学影响。技术，一个亟待讨论的主题，同时也是我们智人[①]存在的证明。在21世纪，技术是一个主要话题。为了更好地了解我们是谁、我们将成为谁，我们必须从技术着手，从围绕在我们身边、我们每天都会使用的机器着手。

让我们先从语言开始，因为通常要理解一件事物对一种文化的重要程度，就需要观察该事物有多少种不同的表达方式。

最有趣的例子之一即因纽特人[②]文化中的“雪”这个单词。事实上，很好理解，“雪”对于北方人民来说是多么的重要，因为“雪”组成了他们的整个世界。

尽管这个问题仍在争论中，但是人类学家劳拉·马丁于

① 智人（*Homo sapiens*）是现代人类的学名，属于脊椎动物门、哺乳纲、灵长目、人科、人属。智人是地球上唯一存活的人属物种，起源可以追溯到大约20万年前。

② 因纽特人，旧称“爱斯基摩人”（含贬义，现已不用），北极地区的土著居民，主要分布在北美洲沿北极圈一带地区，另有一部分居住在俄罗斯东北部，主要以捕鱼和猎取海兽为业。

☆ 本书脚注为译者注。

1986 年发表的一篇名为《因纽特人的语言》的文章中显示，因纽特人有很多种词汇来描述对我们来说非常简单的“雪”这个词。又或者在由 K. 大卫 · 哈里森创作的最新著作《最后的演讲者》中，作者认为因纽特人文化中甚至有 99 种不同的方式来表达“雪”这个词。

从这项有趣的研究中获得灵感，我也开始自问：对于围绕在我们身边的这些机器，我们有多少种不同的方式来称呼它们呢?

如果正如我强烈主张的那样，技术对我们的重要性就像雪对因纽特人的重要性一样，我们应该能够在我们的文化中找到无数关于机器的称呼。事实也确实如此，比如机器、设备、机械、发明、装置、器械、仪器、装备、工具、器具……

这些术语都是机器这个主体的变体，不同的术语用于强调这些围绕在我们身边的机器的不同用途，就像因纽特人对融化的雪、建造冰屋的雪以及从空中降落的雪用不同的语言进行描述一样。

如此丰富的表达方式让我着迷，因为它显示了技术在我们人类社会中的重要性，以及我们与不同的机器之间关系的细微差别。但如果必须选择一个术语来诠释我在本书中谈及的技术，我会毫不犹豫地选择“设备”这个词（即“可使用”的设备），因为我感兴趣的是分析技术如何利用新的表现和新的方法接近这个世界，以及技术为我们带来的全新的自我思考方式。

为了展现“设备”这个词的力量，我将引用法国哲学家吉勒·德勒兹的一段话：

我们属于设备，并在设备之间行动。与以前的设备相比，设备的新颖性，我们称之为现实性，即我们人类的现实性。新的就是现实的。现实并不是我们的本质，而是我们变成的或我们正在变成的人，即他者，也可称为我们变成他者的过程。在每一种设备中，我们都必须区分我们是什么（我们不再是什么）和我们正在成为什么——什么属于历史，什么属于现在……在每一种设备中，我们都必须解开最近的过去和不久的将来——哪些用于存档，哪些属于现实，哪些属于历史，哪些属于变化，哪些属于分析，哪些属于诊断……不是随便做预测，而是对敲门而来的未知事物保持警觉。

——摘自《发狂的两种制度》

正是如此，我们智人是文化动物，是技术动物，我们与我们想象和制造的机器共同进化，变成了别的东西。这种现象不是我们物种的起源，正是因为使用技术，我们才实现了如此巨大的变革。此外，正如我们发现的那样，通过使用技术不断地改变自我是我们永恒不变的特征。

想想看，石头、农业、铜、青铜、铁、蒸汽、电力、电子和数字技术都是比艺术、哲学或音乐等其他任何事物更大程度上改变我们人类历史的技术。事实上，也正是这些技术在影响着上述提到的其他领域。

我们改变技术的同时也因技术而革新，进而成为另一种东西。与我们人类一样处在这个动物王国中的其他动物则不然，它们几乎保持着原貌，只严格遵循基于生物原理的自然规则进化：繁殖、DNA、物竞天择等。

而我重点想表达的是，除了基于自然规则，建立在技术设备基础上的进化，这种进化的程度之深以至于使我们逃脱了其他动物所受的一些生物学规则的压力：每天寻找食物、抵御寒冷、与竞争对手的生存斗争、物竞天择等。

我们改变了，而其他动物没有。为了让你明白这种说法的真实性，我提议做一个假想游戏：假设你将18世纪的艾萨克·牛顿、安东尼奥·维瓦尔迪和笔者安排在同一个房间里，我们能顺利地进行交谈吗？我们能分享理想、生活节奏、期望和文化模式吗？我认为不能——我们会惊讶地面面相觑……

现在，同时想象一下，将一匹18世纪的野马和一匹21世纪的野马放在一个宽阔的围栏里，试着想象一下两者的动态：你认为这两只动物会注意到彼此的不同吗？或者说你能分辨出两匹马的不同之处吗？我认为分辨不出。你也可以想象用两只不同年代的金丝雀、犀牛或海龟来做同样的事情。与文化和技术相比，自然和生物的变化和发展是非常缓慢的。为了支持这一说法，我不得不提到，正如你可能知道的一样，我们智人以及我们的近亲，即在数百万年前和我们人类有大约98%共同DNA的黑猩猩，甚至是香蕉，在数十亿年前也跟我们共享一个生物学祖先，我们和香蕉也有大约50%相同的DNA。以上案例让你明白生物和自然的进化是多么地缓慢。

这就是为什么我经常认为，要理解人类的转变，必须明白智人是生物和技术、先天和后天的混合体。如果一定要假设这种特殊混合物的比例，我认为人类主要是由技术“组成”的，只有剩下的才是生物学部分。如果一定要对这个份额做出评估，我会冒昧地打个比方，从物理角度来说，人是由60%的水组成；那么同样，处在工业化世界中，我们人类个体至少是由60%的技术组成的。

这不是一种煽动性的说法，我们可以尝试对这句话进行具体的诠释：你试着数一下我们每天完成的动作有多少，其中有多少涉及技术和人工世界，以及由工具、机器、器具和设备组成的文化宇宙的？反之亦然，有多少是纯粹属于自然和生物世界的？我们是怎么进食的？我们是怎么睡觉的？我们是如何求爱的？我们是如何照顾我们的孩子的？

我们利用什么领域来完成这些行动，是技术领域还是生物领域？

通过回答这些问题，你也许会发现，我们身体由 60% 的技术构成这个估计值太低；尤其是你会意识到，我们生活和存在于一个技术和人造的宇宙中，并且受益于技术和人造宇宙。

除了当下我们因为日常生活而赋予这个百分比的价值，也许将它视为动态且不断增长的东西更有趣。举例来说，我们可以说，在二十万年前，在燧石和原始火出现的时候，我们生存的技术组成部分是 10%，而一千年后可以达到 70% 或 80%。

我们应该担心这种增长吗？我的答案是绝对不用，因为在我看来，隐藏在这个百分比的增长之中的是我们人类本身和我们最深层的人性。

这就是我想通过十个技术产物的故事来展示的内容。这些技术产物以各种方式改变了我们，使我们成为与众不同的人类和“更加人性化”的人类。

正是如此，除了生物学部分，我们人类剩下的部分就是技术产物，即人类是技术产物。出于这个原因，我认为写下它、谈论它，是非常有必要的，并且我们需要停止去思考没有技术的人类之前是否存在，或现在正在存在，或能够存在这一类问题。我们必须放弃一个完全自然人的想法。我们的道路，无论是内部还是外部，都是技术性的。

为了了解我们是谁，为了活在当下的同时减少两极分化和集体精神分裂，也为了以更高的认知迈向未来，我们必须从这里开始。

什么是技术？

“技术是你出生后发明的所有东西。”在我看来，美国计算机科学家艾伦·凯提出的这句巧妙且具有煽动性的话非常适合思考技术到底是什么。

事实上，对于我们许多人来说，正如艾伦·凯所说的那样，技术指的是“新科技”，其余的“旧科技”都被我们人类认为是理所当然的东西。当然，我们知道，它既不是自然的，也不是生物的，但也不是人工的和技术的。这些“旧科技”从我们出生就一直存在。旧科技的领域就像一个既非自然也非人造的无主之地。

但如果想分析我们与机器之间的共生关系，正确的做法是记住并强调技术是一组不属于自然世界的工具、设备和机器的总称，它们是仅由我们智人所提出、特定且唯一的人造和文化过程的结果。轮子、火、蒸汽、咖啡机、椅子、玻璃杯、钢笔、房屋、屋顶、窗户、牙刷、眼镜、餐叉都是人类制造的技术产物，它们在自然界中不存在，是人类发明和创造力的结果。它们不是自然的一部分，也不属于生物学范畴，所以它们是技术，是文化。

这就是你可以用来识别和定义技术的方式，因为没有其他更好的方式或者说至少我从来没有找到更好的方式。

这一点非常重要，因为尽管听起来有些自相矛盾，但实际上这种动态正是艾伦·凯所描述的，即由于我们没有看到它们的诞生，所以我们无意识地认为它们一直存在，就像自然界的事物一样，就像石头、花朵、云彩或水一样。而实际上，只要我们稍微思考一下就会明白，曾经有一个时代，所有的旧技术就像我们今天第一次握在手中的新技术一样，让人惊叹又恐惧。以这种惊叹的态度，我将回顾一些技术物品、机器和设备的历史，它们在某种程度上永远地改变了我们人类物种。

共生但不中立

让我们再次回到词汇问题。我更喜欢用“共生”（simbiosi）这个词来形容我们与技术之间的关系，它源自希腊语συμβίωσις，意为“共同生活”（vivere insieme），它比简单的“关联”（rapposto）一词更能凸显我们对技术的深刻依赖。

大多数人相信技术是我们可以随意“打开”和“关闭”的工具。然而并非这样，在生物学中，共生是一种多种动物之间的关系，在这种关系里，其中一种动物对于另一种动物的生存是不可或缺的。同样的事情也发生在人与技术之间。事实上，一方面，没有人类，技术就不会存在；另一方面，如果没有技术，我们也不会存在。试着想象一下，如果没有叉子，或者没有玻璃、街道、供暖系统、自来水系统、烤箱、弹簧床或退烧药，你的生活会怎样？你能存活几个小时？

我们智人需要技术才能生存，我们不能关闭、排除或对抗它，抵制它就像抵制我们自己和我们本身的存在一样。

但这不仅仅是一个功能性和日常性的问题，敏锐的观察家们将技术归因于我们心路历程的构建。美国数学家和教育家西摩·帕珀特将技术称为“认知工具”，她指出我们发明和使用的物理对象会在我们的思维方式中抽象化并产生投影。

从这个角度来说，我可以说，如果没有飞机、餐叉、椅子或智能手机，我们的思维方式的一部分将不复存在，我们人类的一部分将不复存在。就如同德勒兹所说的那样，当下我们自我的某些部分将不复存在。

确实如此，我们只有在我们创造和使用的技术定义框架内，才能思考和成为人类。这就是为什么我认为心理学家、人类学家、社会学家、哲学家以及人文学者们应该是技术的专家和精通者，他们应该从这个角度研究和分析个人和社会，以便更好地理解和诠释后者，帮助后者认识到自己的属性。

由帕珀特的观点来看，我必须打破与技术相关的另一个普遍观念，那就是它的中立性。我很多次听过人们说技术是中立的，只有人类对技术产物的解读才会使其具有正面或负面的特征。比如，你们可能也听过人们说核能既不是好的也不是坏的，因为它可以用来支持人类的活动，也可以用来摧毁一座城市。

这种说法毋庸置疑但也十分平庸，更新颖的观点是，一种技术只能创造出一系列特定的可能行为，而无法创造出其他行为。当然，有些是好的行为，有些是坏的行为，但我感兴趣的是，一种特定的技术设备如何创造出一种特定的可以固化行为的框架。我将举几个例子来说明技术的这种非中立性。在这个更高的层面上，我觉得有必要引用才华横溢的设计师菲利普·斯塔克（Philippe Starck）在谈到他备受争议的榨汁机时说的话："'外星人'榨汁机（Juicy Salif）不是一款榨汁机，而是一个可以与之对话的物品。"是的，技术产品也是如此，或者更确切地说，它们尤其如此：它们创造对话、思想并设定新的行为。

我又回到最初用的词语"设备"所蕴含的力量上。事实上，一项技术总是带来一系列新的行为，这些行为塑造了使用它的人类，正如德勒兹所写："我们属于设备，并在设备之间行动。"

简而言之，我们无法逃离技术，我们只能在特定的设备世界中成为人类，我们没有其他选择。我们可以拒绝或讨厌一项技术，改变或重新发明一项技术，关闭或打开一项技术，但我们只能在与它相关的情况下做出所有这些行为。这就是为什么我说技术不能被认为是中立的，因为它指导着我们的行为。

举个例子，如果我知道什么是餐叉，我也可以选择用手吃饭。但这对其他动物来说是一种自然行为，对我们人类来说，这会自动成为一种人为和文化的选择，从而演变成一种不屈从于动物本能的行为，这种转变正是因为餐叉的存在。

当然，这些设备不仅是物理和技术上的，也可以是抽象的。星期、圣诞节或法律都可以算作是设备，并且它们实际上也有自己的行为方式。我们周围的自然界物体和人造物体深刻地指导着我们的行为和思想。无论是餐叉、社交网络还是火车，都对我们的存在和思维方式产生了重大影响。

所有这些都引出了两个非常重要的问题。我已经简要提到了第一个问题，即设备的使用者，那些使用但不创造技术的人，也就是绝大多数人。要理解这个问题必须对这些话题有新的认知，而不是纠结于自然人可以使用技术或不需要技术的陷阱里。为了正确认识我们是谁，我们必须停止将技术单纯地看作技能学科，而是开始从人文学科的角度进行思考，因为它与人类息息相关。

第二个问题涉及技术领域的技术人员、设计师、工程师、开发人员和企业家。我希望他们中的一些人正在阅读这本书，因为他们必须改变视角。事实上，如果他们理解了我到目前为止所写的内容，他们就不能再认为自己仅仅是技术的创造者和生产者，因为实际上他们是人类的规划师。正是他们的设备设计了新的行为和新的思维方式。

人类创造技术，技术规划人类。

一想到没有人向工程师、创业者和设计师解释这一反馈，我就感到害怕。我坚信，如果在工科类院校中开设人类学和哲学等学科，人类世界将会得到迅速而彻底的改善。或许也正是因为这个原因，在过去的十年里，我每年都会花 30 个小时给米兰一所著名大学设计专业的学生教授人类学。

更表面的层次

到目前为止，我只谈及了人类学话题，深入探索了我们作为人类的根源，分析我们与技术使用相关的最深层、最私密的行为结构。正如你将会发现的那样，几乎所有关于机器、工具和设备的故事在接下来的章节中都是为了彰显我们内心深处与技术之间的这些关系。

但是还有一个更高级，或者说更表面的层次，我认为同样重要，即社会和集体层面。是的，因为智人不是独行的动物，他们组建了一个随着时间的推移而变得更加复杂且众多的社会结构。为了生活得更好，他们构建了组织。在这个层面上，技术也发挥着重要作用，不断重新定义社会关系，同时不断引入能够让人类交换价值和信息的新方式。

举个例子，想想我们购买产品或服务的方式在过去五百年里发生了怎样的变化，从物物交换到货币，从在线电汇到最现代的加密货币。所有这些金融创新实际上改变了从信任到安全的整个行为生态系统，在这些创新的基础上，出现了真正革命性的技术，如金矿开采、金属冶炼、纸币、水印、互联网和区块链。技术带来了新的、更高效的社会关系。

正如你现在已经了解的那样，虽然我承认有许多否定的声音，但我对我们与技术关系的看法在很大程度上仍然是积极和乐观的。我必须承认，虽然在人类学层面上，很难说技术的引入是否使个人变得更好或更糟，但在社会学层面上，机器、设备和工具极大地丰富了我们的关系和我们的社会组织，这是非常明显且无可辩驳的。

思考一下印刷术[①]在16世纪带来的革命，电信在19世纪带来的革命，互联网在20世纪末带来的革命，或者社交网络在最近时期带来的革命。这些都是发明创造的典型，它们使我们能够更有效地传播思想，相互交流和讨论所经历的事情，分享彼此的经验，共享成功和失败。得益于这些技术的发展，世界上一些地方已经或正在变得越来越公正和民主，只要将

① 指16世纪德国发明家约翰·古腾堡发明的西方活字印刷术。

封建制度下的社会规则与任何现代社会的规则进行对比，我们就非常容易理解这一点……

我们将一起发现那些引发和支持重大社会和文化变革，直接和间接地改善许多人的生活以及改变人类交往方式和规则的技术。技术是这种社会变革的最主要和最强大的引擎。

基因和模因

大约从二十年前开始，我学会了用生物学家的眼光来看待机器。在接下来的几页中，我将从这个角度阐述我的观点。

事实上，在我看来，技术领域现在是如此广阔和多样，由不断持续关联的元素组成，可以被视为一个与生物世界一样有机且活跃的生态系统。

通过研究和深入探讨这种方法，我发现类似的想法早已被杰出的先行者们提出，时至今日，仍对许多学者产生着巨大的吸引力。

19 世纪中叶，查尔斯·达尔文的《物种起源》出版后，英国作家塞缪尔·巴特勒立即写了一篇文章《机器中的达尔文》，他在文中提出将机器视为活的有机体：

没有什么比我们狂热的人类更渴望看到两台蒸汽机之间的结合。确实，如今机器可以生产其他机器，成为同类机器的“父母”，但对机器而言，调情、求爱和婚姻的日子似乎还很遥远。

事实上，人造物体可以被视为自然有机体的想法早在 16 世纪的“珍奇屋”[①] 中就已经存在。在那里，最奇异的自然有机体和最令人惊讶的技术产物混合在一起展示，创造出一种包罗万象的混合体。

这种方法在 1976 年达到顶峰，理查德・道金斯的《自私的基因》一书将这种方法引入其中。书中还引入了一个我认为近几十年来最重要的发现之一——模因，这个概念，尤其是在意大利，仍然鲜为人知并很少被人研究。

模因是一个完美的工具，它可以在自然进化与技术进化之间、自然与文化之间架起一座桥梁。

道金斯将模因定义为“文化传播的单位”。作为一名优秀的生物学家，他的推理从基因开始，将其视为“自然传播的单位”，也就是复制因子。通过一个聪明而大胆的转化，道金

① 也称“好奇柜”，指巴洛克时期（16—18 世纪）欧洲贵族、富商专门用来收藏和展示博物学标本、珍贵工艺品、科学仪器、奇珍异玩等各种藏品的房间（柜子）。

斯成功地跨入了文化世界，为我们展开了一个新视角了解智人独特性。

基因有什么特别之处呢？答案是它们是复制体。我相信一种新型的复制体近年来已经在这个星球上出现了。它还在婴儿期，在原始海洋中笨拙地漂浮着，但已经以足以让旧基因以喘不过气来的速度进化着。新的原始海洋就是人类文化。被称为模因的例子包括旋律、思想、短语、时尚、制作花瓶或建造拱门的方式。就像基因通过精子或卵细胞在基因库中跳跃地传播到身体中一样，模因通过一种广义上被称为模仿的过程从一个大脑跳跃到另一个大脑。

道金斯演讲的有趣和有利之处在于，他利用了基因 / 模因的并行性，即适用于自然的一切事务现在也可以应用于文化。因此我们可以说，正如在自然进化中，基因的诞生、改变或消亡取决于它们增殖的环境一样，思想、时尚和创新（模因）的传播或消亡也并不取决于它们绝对意义上的善良，而是取决于它们产生的环境。关于这方面，道金斯再次写道：

如果科学家听到或读到一个好想法，他会将其传递给他的同事和学生，并在他的文章和讲座中提及。如果这个想法流行起来，就可以说它从一个大脑传播到了另一个大脑里。

现在我们已经介绍了模因的概念，那么也许机器作为生物体进行交配、复制、杂交、变异和进化的概念就更清楚了，最重要的是，作为生物学家，了解达尔文可以帮助我们更好地理解技术的历史、飞跃以及所引发的许多社会和文化革命。

毕竟，材料、形状、设计、组件、技术和流程都是模因，就像基因一样可以复制和耦合、组合和杂交，使机器和设备进化。

通过技术和科学文化的传播，这一过程发生得越多，技术进化就会进行得越迅速。

继 19 世纪的塞缪尔·巴特勒和 20 世纪的理查德·道金斯之后，当今支持这种令人着迷的生物技术方法的最有影响力的知识分子之一是拥有《连线》杂志的联合创始人、环保主义者和作家三重身份的凯文·凯利，他在他的《技术需要什么》一书中引入了一个新词“Technium”①：一个真正的机器

① “Technium”是由科技作家凯文·凯利创造的一个术语，用来描述由技术组成的整体网络或系统，包括所有的技术、工具和装置。这个概念强调技术与人类社会和文化的深度融合，认为技术不仅仅是人类工具的集合，更是一个复杂的生态系统，与自然界的生物体系类似，有着自我调节和自我演化的特性。

王国，我们可以将其与动物和植物王国结合起来。

根据凯利的说法，技术元素有自己的意志。它希望自己能像几乎所有大型的、深度互连的系统那样进行自我组装，形成层级结构。与生物一样，技术元素也希望自身永存，保持运行。这是一个极端但迷人的观点。

现在我们可以真正开始探索这个令人着迷的机器领域——Technium。这将是一次非凡的、充满惊喜的旅程！

目录

第一章　3D 打印　001

一项古老的技术　004

一切都改变的那一天　009

数字化、城市化和按需生产　019

第二章　燧石　025

对上帝的有趣的科学定义　028

燧石的凹陷断口　033

“这就是人类！”　036

奥茨　040

第三章　制动器　045

不知名的发明者　048

火车的出现　051

自行车 055

第四章 咖啡机 069

1851 年，伦敦世界博览会 070
黑色饮料的神话 073
咖啡与资产阶级的崛起 075
咖啡遇上蒸汽 081
摩卡壶 087

第五章 谷歌搜索栏 095

拉里和谢尔盖 097
无限订购 101
谷歌的革命 105
白色和本质 110

第六章 远程遥控 113

一位有远见的物理学家 117
“杀手”级应用程序 119
一根很长的线 120

一把光束枪　122
从光控到声控　123
红外线的到来　125
遥控器的未来：灭绝还是生存　127

第七章　手机　129

智能手机简史　131
苹果时代的到来　133
一部三维工具　137

第八章　圆珠笔　147

写作模因　149
书写工具极简史　154
完美工具　156
比奇和奉献　159

第九章　洗衣机　163

女洗衣工　165
18 世纪的洗衣机　167

19 世纪的洗衣机 172

电动洗衣机 174

第十章 维基百科 177

吉米、拉里和 Nupedia 180

一辆快速夏威夷巴士 184

从 Nupedia 到 Wikipedia 187

从金字塔到网络化，一场文化变革 194

结语 199

致谢 201

第一章

3D 打印

我已经在 3D 打印技术领域工作了整整十年。尽管我依然在从事作家和翻译家的工作，但在 2011 年我开始了一项创业活动，与一些朋友在米兰创立了第一个工厂实验室——这是一个为学生、初创公司、企业和自由职业者提供数字制造和原型快速制作服务的实验室。

因此，十年来，我的职业生涯被一分为二：一半时间与人打交道，另一半时间与 3D 打印机打交道。也正是因为这个原因，当我决定写一本关于改变历史的技术的书时，这台机器必须包含在内，虽然它还没有改变世界的历史，但是它肯定改变了我的人生轨迹。

我已经准备好向你讲述为什么这项技术对我来说如此重要，同时为什么我认为它对全人类都非常重要。

正如本书的每一章一样，接下来的几页不会是关于 3D 打印的详尽总结，而是我将尝试概括由这项技术所引发的一些最重要的社会和人类学思考，至少在像我一样从事这项工作已经十年的人眼中是如此。

让我们从头开始，从我在路上遇见第一台 3D 打印机的那一天开始。

2011 年，在庆祝意大利统一一百五十周年之际，我有幸为 Superga 公司策划了一场关于橡胶技术的历史展览。我的工作在都灵的大型修理工作坊 Officine Grandi Riparazioni（OGR）的一个非常棒的场馆内进行。这个场馆临时被改造成一个巨大的展览场所，公共机构和私营企业在这里讲述他们的历史，以追溯意大利在这一百五十年里所经历的伟大的技术和社会变革。

开幕式前一天晚上，在完成了我策划的展览布置后，我开始在其他展台和展馆里闲逛，提前了解 OGR 公司第二天向公众开放后，人们会发现或重新发现的众多故事。

我非常清楚地记得那次线路，因为正是在那个时候我第一次看到了 3D 打印机。事实上，其中一个展览馆并不是在庆祝我们国家的过去，而是在展望它的未来。该馆名为“意大利 – 未来站”，由刚刚登陆意大利市场的美国数字文化杂志《连线》策划。

在无数未来科技和前瞻性项目中，我注意到一群参展商正在观察着某个看起来非常吸引人的东西，因为展台前聚集了很多人。我费了一些努力挤过去，找到一个有利位置，我看到一个装满电路的木盒子，里面还有一个喷嘴优雅地移动，将熔化的塑料堆叠在空间中。

“这是什么鬼东西？”我问旁边的人。他目不转睛地盯着正在操作的 3D 打印机并回答道：“它正在 3D 打印一个齿轮。”

对我来说，这是真正的灵感、启发、顿悟。

我是一个门外汉，我不相信命运，也不相信上天的召唤，但回想起来，我认为只有 3D 打印能对我产生这种影响，因为所有我一直感兴趣的元素和学科在这台机器内良性地融在一起：物理、数学、电子、信息技术、创造力、设计和创新。没错，3D 打印机是一项需要多学科甚至后学科的技术，这是它最让我欣赏的特点之一。更不要说我的父亲和爷爷都是工匠且我是理科毕业，我对发明创造有着狂热的热情。这样一说你就会明白，3D 打印机对我形成了致命吸引力。事实也是如此，如今我是一家工厂实验室 FabLab 的总裁，该实验室每天都会“运行”超过 30 台 3D 打印机，多年来已雇用了 15 名员工，其中包括物理学家、设计师、建筑师和进阶 2.0 版的工匠。3D 打印机已经成为我生活的一部分。

一项古老的技术

正如我前面所说，我的目标不是描述 3D 打印机的工作原理，因为有专门讨论该主题的书籍和文章。然而，在讨论这项技术已经产生和未来可能产生的对工业、经济、社会和人类学的许多影响之前，在我看来，首先应该讲述它的历史和技术概述。

你会惊讶地发现，即使今天这项技术已被列入推动第四次工业革命（工业 4.0 版）的技术清单中，但实际上该领域的第一个专利已经有四十多年的历史了。这主要归功于发明了光固化成型技术（SLA）的查克·赫尔和发明了熔融沉积制造技术（FDM）的斯科特·克伦普。

光固化成型，是利用激光束将液态树脂固化或具体化，从而获得三维物体；熔融沉积制造，是使用加热的挤出机释放熔融塑料丝，一层又一层地构建所需的物体。回到本章开头所讲的内容，采用这两种技术的打印机正是我 2011 年在 OGR 展会上看到的打印机，它也是我产生强烈顿悟的原因。

现在市面上存在很多种类型的 3D 打印机，但它们都具有相同的特征：采用加成的方式生产物品，也就是说，通过添加材料的方式生产，因此它们在专业人士中也被称为“增材制造技术”。

无论是光固化成型中的激光束，还是熔融沉积制造中的挤出机，均通过操作计算机中的专门软件进行移动和操作。

因此，3D 打印机经常被认为是数字制造类型的机器。

鉴于 3D 打印机已经引起了人们极大的兴趣，与它相关的化学领域在近几十年来也取得了巨大的进步。如今，人们可以运用 3D 打印机打印多种材料物品，从已经提到的塑料到金属，从陶瓷到玻璃，甚至是可以食用的物品，如巧克力或肉类。

由于其成本高昂，但更重要的是由于缺乏广泛的计算机文化，近三十年来，3D 打印机一直被局限于原型制作的利基市场[①]，并且只适用于大型跨国公司中最富有、最先进的研发中心。

然而，自 21 世纪初以来，随着熔融沉积制造技术和光固化成型技术专利的到期，以及新一代数字化的进步，这种机器进入了一个新的阶段：变得流行和普及起来，成为所谓的“制造运动”的旗帜。这是人们在克里斯·安德森的《创客》（2013）运动宣言的封底上读到的内容：

新的工业革命即将来临。事实上，它已经开始了。在颠覆了比特世界（进而颠覆了音乐、视频和传统出版业）之后，

① 利基市场是在较大的细分市场中具有相似兴趣或需求的一小群顾客所占有的市场空间。

数字文化即将改变原子世界、物理世界。正如第一次工业革命中，蒸汽机引发了一场划时代的变革一样，在这种情况下，也是一台机器——3D 打印机，它能像打印一张纸一样压印物体，为“个人工厂”赋予生命。

在这场革命的基础上——一种从虚拟到现实的“回归”——除了 3D 打印机，在网络上还诞生了一些主要的流行趋势——从点对点生产到开源，从众包到众筹——这将使任何人以非常低的成本来投资和生产单个物品。这样的现象带来的结果是未来可能有许多小型个人工厂和一场不可阻挡的“工匠”运动。

随着相关专利的到期，从大约 2005 年开始，全球范围内涌现出了许多开源项目和创业活动，低成本的 3D 打印技术和数字制造机器非常适合小型企业、工厂实验室或独立设计师使用。如今，在工业化国家普及了数百万台 3D 打印机，数量之多以至于我们可以想象制造业将迎来一场新的、深刻的革命。这是一种典型的转变，让商品以信息的形式在互联网上流通，仅在订购时实时生产，甚至可以进行个性化制作。

作为一名企业家，我已经进入这个领域有十年时间了。

作为一名传播者，我喜欢讲述这种对世界的理解，因为在我看来，它是合乎逻辑且优雅的，而且因为它的使用可能会在生态层面产生积极影响。

为了让你相信这是一条正确的道路，并且我们作为生产者和消费者都应该投资此类技术，我想讲述一个亲身经历的美丽故事。这个故事发生在新型冠状病毒感染（COVID-19）（以下简称“新冠”）疫情的高峰期间。这是一个能唤醒灵魂并打破平衡的故事。这有点像国家水球队赢得奥运会奖牌[①]时的第二年，游泳池里挤满了注册水球课程的新学生，而此前这类课程甚至都难以凑够开课所需的最低人数。对我而言，这个故事可以吸引更多的学生报名注册工科类学院，哪怕只出于这个原因，我也必须讲述和传播它。

这是克里斯蒂安·弗拉卡西和他来自布雷西亚的初创公司伊辛诺瓦为新冠患者3D打印阀门的故事，是创新和人性结合的一个很好的例子，我很高兴将我亲身经历的故事分享给你。

① 意大利国家男子、女子水球队曾多次在奥运会上取得奖牌。

一切都改变的那一天

2020 年 3 月 13 日星期五一早，我被《布雷西亚日报》的总监努恩齐娅·瓦利尼的电话吵醒。我与她合作多年，曾多次在布雷西亚和其省内的学校传播第四次工业革命文化。在与学生的会面中，我展示如何使用 3D 打印机、机器人和物联网等新兴技术，试图说服学生和教授接受这场我们可以称之为“第四次工业革命”的颠覆性运动，与前三个（一是蒸汽技术、二是电力技术、三是数字技术）一样，它将对我们的工作和生活方式产生重大影响。这就是我们试图通过《布雷西亚日报》向参与该项目的学校传达的信息。

那个 3 月的早晨有两件事让我印象深刻：首先，时间真的很早；其次，努恩齐娅·瓦利尼的声音似乎与平时不同，相当激动。事实上，正如我在电话中发现的那样，在位于布雷西亚省基亚里市的一家医院的流行病中心里，一些辅助呼吸器械的备件已经用完，供应商无法在卫生人员要求的时间内送货。

缺失的部件是一个被称为“文丘里阀”[①] 的小阀门，此阀门对于让空气与氧气混合以促进患者呼吸至关重要。

她在电话里向我解释说，如果不能在短时间内恢复阀门生产，那将造成令人难以置信的灾难，很多人都会失去生命。我不是医院技术人员、医师或临床医生。她之所以找到我，是因为在我们宣传第四次工业革命的项目期间，她多次听到我说 3D 打印现在已经成熟，已从仅用于原型打印阶段转为可直接用于市场上大量产品生产阶段。

正如我在课堂上的一张幻灯片上写的那样：“从快速原型制作到快速生产。”

“是时候证明这是真的了，马西莫，”她说道，“我会通过 WhatsApp 程序向你发送阀门的照片，你看完后告诉我是否可以打印它。事情非常紧急！”

当我在手机屏幕上看到那块塑料时，我毫不怀疑该方案的可行性。但我无法在我当时所在的地方做到这一点，一是没有时间，二是我在米兰的实验室已经关闭，所以我们找到了可以直接在布雷西亚省解决这个问题的人。这就是克里斯

---

① 文丘里阀是一种基于文丘里效应原理工作的阀门。文丘里效应，指的是当流体（通常是气体或液体）在流经管道中狭窄部分时，流速增加、压力降低的现象。

蒂安·弗拉卡西和他团队的故事背景。

但在讲述他非凡的故事之前，我想对传播科学文化、创新的重要性以及人类文化的价值进行一个根本性的思考。我们必须不停地传播和谈论科学技术，布雷西亚的案例有力地证明了这一点：如果没有在该地区的广泛传播，人们不了解 3D 打印技术的知识，努恩齐娅·瓦利尼永远不会想到将这些点联合起来，并尝试使用这项技术解决基亚里市医院的阀门问题。

当然，这还需要创造力和想象力、同情心和人性；但如果不了解可用的技术、机器、仪器和工具，就不可能进行规划，没有规划就没有未来，不仅在紧急情况下如此，日常情况也是这样。

让我们回到布雷西亚事件。接到消息后，克里斯蒂安·弗拉卡西在几个小时内到达了基亚里市的医院，收集了阀门样本，以数字方式重新设计了其形状，然后用他的 FDM 3D 打印机制作了第一个原型。

3 月 13 日星期五下午，我收到了克里斯蒂安·弗拉卡西和努恩齐娅发来的第一批打印出来的原型照片。我记得很清楚，那天晚餐前，我在我的社交媒体上发了一篇帖子，描述了过去几个小时发生的事情。空口无凭，我附上了两张图像，一张是医院里数量已经不足的原始阀门图片，另一张是克里斯蒂安·弗拉卡西 3D 打印的阀门图片。

然后我和家人一起坐在餐桌旁用餐，我没有意识到几分钟后这篇文章将以一个不可阻挡的势头传遍全国，评论里有人们钦佩的声音，也有激烈的批评。最终，该帖子被近 20 000 人分享，这次事件在数小时内传遍数百万部智能手机和电脑。

不用你回头去阅读社交媒体上的评论，我可以总结并将这几个小时的大众反应分为两大类：

1. 你们真棒！

2. 你们疯了！

第一组评论特别欣赏这种不顾一切、勇敢行动的胆量、勇气和创造力；第二组评论则批评指出，在快速数字化生产过程中，我们跳过了从尊重知识产权到欧洲认证等应该有的协议和程序。两种截然相反的评论，但却清晰地展现了创新者与保守派之间永恒的斗争。

吉安卢卡·德托里，意大利最出名的、专业的风险投资人之一，在那段时间里写了一篇关于布雷西亚阀门故事的精彩文章，题为《创新不寻求许可》。这是一个很棒的标题，因为它体现了创新对传统的挑战。创新永远不可能是一种有礼貌和文化层面能被大众迅速接受的行为。如果这是一种创新行为，就必须打破规则，颠覆传统，且一定会引起激烈的争论和批评。这不仅适用于布雷西亚的情况，也适用于任何创新过程，从我们智人点燃原始之火或利用第一批石器的那个夜晚起，我们的历史就是一部关于人造工具和机器打破现行的自然和文化规则，给我们人类物种带来根本性变化的故事。这是一个因技术革命而进步的故事。

除了这些引人入胜的哲学方面的因素，我认为还有一些东西使克里斯蒂安·弗拉卡西的故事更加令人难忘和强大——我想说的是人的方面，即通过聪明地使用技术来拯救生命的可能性。这也正是克里斯蒂安·弗拉卡西对暴风雨般激烈的评论做出反应的根源。以下是他对许多负面评论的回应：

我想提醒那些感到愤慨的人，还有那些自诩为聚合物[①]专家的人，以及那些说没有欧洲认证事情将不可能成功的人，需要这个阀门的人他们首先是卧病在床患有呼吸系统障碍的病人，他们的床边有呼吸器但却无法使用，因为这个有效零件没

① 聚合物是由许多重复单元（单体）通过化学键结合而成的大分子化合物。其中塑料、橡胶等是 3D 打印的主要材料。

有欧洲认证。注意：我们正处于紧急情况，而不是常规情况！

让我们回到新闻报道吧。在与合作伙伴和医院的临床医生一起 3D 打印并验证阀门有效后，工程师克里斯蒂安·弗拉卡西与当地的洛卡蒂有限公司合作，开始批量数字化生产阀门——该公司拥有一台专业的选域激光粉末烧结（SLS）3D 打印机——从 3 月 13 日星期五到 14 日星期六晚上，打印了数百个零件，最终安装在基亚里市医院重症监护病房的辅助呼吸设备上。

这个故事最令人印象深刻的是整个过程的速度：周六下午 3D 打印的阀门已经安装在仪器上并且完美运行。距离《布雷西亚日报》总监发出需求警报仅仅过去了 36 小时。

那天下午晚些时候，我很高兴收到了来自布雷西亚的好消息，接着我在社交网络上写了第二篇文章，向那些怀着忐忑不安的心情关注故事进展的人通报了情况，同时也有些愤怒地对那些攻击我们的人做出了回应。事实上，我是这么总结的：

请让我从汤里把这几颗老鼠屎拣出来：在我之前的帖子中，有很多人怀疑和批评这种操作流程，确实，这是非正常

的、不正规的、无法认证的……但这是在拯救生命啊！亲爱的朋友们，我在这里对你们所有人说：我们赢了！克里斯蒂安赢了！基亚里医院赢了！那些相信自己所做的事情，扫除障碍，不抱怨，不批评，做出行动，抱有希望和不断工作的人赢了。这是创造历史的人性……我永远和他们站在一起！

在布雷西亚事件发生后的几天里，由于媒体对该事件的报道，其他意大利医院联系了伊辛诺瓦和我，想要解决同样的问题：米兰、克雷莫纳、奇尼塞洛巴尔萨莫、萨沃纳和其他北方城市医疗机构的同一款阀门都要用完了。因此，在布雷西亚生成的3D文件通过互联网传输到米兰，我的工厂实验室协调了与数十家医院的关系和工作，通过与“创意工厂”（IdeaFactory，一家拥有专业SLS 3D打印机的公司）进行宝贵的合作，生产了数百个阀门。

得益于布雷西亚和米兰这些城市的数字制造中心，在短短几天内，这个珍贵的阀门就被打印出来并分发到各个医院，从而挽救了成百甚至上千人的生命。

在这里，请允许我进行第三次反思：正如我多次强调的那样，这个故事向我们表明，当技术、创造力和人性以正确的方式结合在一起时，没有什么是不可能的。但它也向我们表明，世界上最重要的制造业国家之一——意大利，目前用于生产实物商品的数字技术已经成熟，可以让我们重新构想设计、生产、分销和消费实物商品的方式。

正如布雷西亚事件所证明的那样，现在可以考虑创建小型但位置优越的数字制造生产中心。通过这种方式，我们可以利用互联网以数字文件的形式分发货物，只在需要的时间和地点使它们成为实体，而无须建造仓库和浪费能源进行运输。这将是一种贴近消费者和城市、零公里、按需生产和个性化定制的生产方式，能够激活生产者和消费者之间更智能、更可持续发展的关系。

我相信，即使是克里斯蒂安·弗拉卡西冒险之旅的第一部分和意大利北部城市 3D 打印阀门也足以载入史册。但接下来几天发生的事情，正如你看到的，将这些事件投射到一个更高的维度，即创造力、胆量和勇气的完美融合。这一创新行动得到了世界诸多国家报纸的报道，克里斯蒂安·弗拉卡西甚至被意大利共和国总统塞尔吉奥·马塔雷拉授予“劳动爵士”称号。

同样，这一切都是从我智能手机上的 WhatsApp 程序开始的。下面这则消息来自克里斯蒂安·弗拉卡西，时间为 2020 年 3 月 16 日上午晚些时候。

你好，马西莫，你能找到迪卡侬[1]的联系人吗？

我很疑惑，工程师弗拉卡西到底想从一家运动服装公司得到什么？但我抑制住了好奇心，立即开始投入工作。事实上，多年来，我领悟到的是，与我所属的物理学家群体相比——他们对问题的兴趣与哲学家们一样——工程师们则对这些问题毫无兴趣，因为他们始终在寻找答案。于是，我立即拿起电话，迅速在迪卡侬意大利高层和伊辛诺瓦团队之间架起了一座桥梁。

从 WhatsApp 程序上的信息以及工作组交换的电子邮件中，我明白了事情的经过，布雷西亚省的退休医生雷纳托·法维罗凭着直觉联系了克里斯蒂安，希望将迪卡侬出售的呼吸面罩改造成辅助呼吸装置（技术上称为 C-PAP）。就像文丘里阀一样，这种医疗仪器在布雷西亚省和意大利北部的许多医院也已耗尽。

在与雷纳托·法维罗博士取得联系后，克里斯蒂安·弗拉卡西立即用自己的电脑和 FDM 3D 打印机开始设计接头、阀门和管道，将面罩从运动工具转变为医疗器械。然而，为

① 迪卡侬（Decathlon），法国体育用品零售商，由米歇尔·雷勒克于 1976 年创立。

了更加精确，需要面罩的数字文件；最重要的是，需要知道迪卡侬是否可以提供足够多的材料来帮助意大利北部的医院。这也解释了我那天早上收到那条消息的原因。

幸运的是，在我分享链接之后，迪卡侬的经理立即提供了帮助，不仅提供了他们产品的3D文件，还让伊辛诺瓦团队获得了第一批面罩进行实验。

同样在这种情况下，我有幸近距离观察了这个在意大利罕见、快速且令人钦佩的开放式创新的例子。事实上，这家体育跨国公司通过分享其产品的专业知识和信息，将封闭的工业流程转变为开放式的创新流程。在这个流程中，伊辛诺瓦团队通过设计3D打印阀门和接头来修改面罩。

除了提供最大限度的设计合作和打开仓库以获取库存面罩，迪卡侬管理人员随后决定向意大利民防部门捐赠10 000个面罩，再由后者将这些面罩分发给意大利各地的医院。

与第一个文丘里阀的事件相反，文丘里阀属于一家拥有专利的公司，仅分发给极少数数字生产中心，这些中心呼吁在新冠疫情最严重的地区合作开展富有同情心的合作。而在面罩事件里，数字文件以开放模式发布，因此从瓦莱达奥斯塔到西西里岛，全国数百个3D打印实验室都能够下载该文件，并为生产和分发阀门做出贡献，他们可以修改这

10 000 个由迪卡侬捐赠的面罩，并将其转化为紧急医疗设备，帮助拯救数千人的生命。

我们从这个故事中学到了什么？未来我们可以做什么？

数字化、城市化和按需生产

这个问题自然而然地出现了，至少对我来说是这样：如果总是这样怎么办？如果一切都是如此，不仅仅是医疗设备，而是所有类型的商品，会怎么样？如果实体产品不再通过火车、飞机、卡车或集装箱从一个大陆转移到另一个大陆，而是通过互联网传输数字文件并在所需的城市制造中心的地方生产（零公里），这种新的制造方法会带来什么？

除了伊辛诺瓦这个轰动的案例以及意大利北部因新冠疫情引发的危机，我们的实验室五年来一直在尝试回答这个问题，我们每年会使用 3D 打印机生产数千件产品，我们坚信数字制造不仅可用于创建在工厂生产新的潜在产品的原型，而且现在可成熟应用于生产投放市场的产品，即最终到达客户手中的产品。

以下是我们通过实践所得。

1. 大规模定制：如果产品以数字文件形式到达距离消费

者最近的制造中心（也许是在市中心，那里有商店），则可以在生产者和消费者之间建立一个良性的、共同设计的动态合作关系。客户可以申请或更改设计师规定范围内的一些参数，使模型更加适应自己的需求，从而实现个性化定制，如眼镜、自行车车座或车把、鞋底、灯的尺寸等。客户可以拥有一件按需求量身定制的产品，即使是工业分销也可以实现高度个性化。

作为一个不可忽视的附带效应，这将使我们的城市商店回归，重新成为交流、体验和对话的场所，也重新成为类似于过去的手工制作工坊，而不仅仅是一个过时的取货点，从而赋予商品生产更多的意义。

2. 智能物流：通过互联网传递信息，货物不需要实际运输，移动的将是它们形状的信息。例如，一种产品可以在意大利设计，在美国、中国、澳大利亚制造和销售，无须花费一分钱用于运输和生产。

当然，这种情况下，“意大利制造”会失去部分价值，但它会让位于“意大利思考”和“意大利设计”，在我看来，这是发达国家和经济体应该加强的最重要的资产。

对于许多意大利中小型企业来说，这种数字化流程可能代表着巨大的优势，而这正是它们在分销和国际化方面所缺乏的。那么选择这种新的产业模式会对产业生态造成怎样的影响呢?

3. 工业化生产回流：在过去的数十年里，大多数工业化国家将制造业外包给了劳动力成本低的国家。实际上，这削弱国家本身的工业结构，并增加了失业率。有了数字制造，我们将重新给予手工劳动更大的尊严，重新与物质及其转化建立一种更可持续和更健康的关系。这些转变自人类智人时代以来，无论是从石器时代到青铜器时代，还是从蒸汽时代到电力时代，一直伴随着我们。

当然，要实现这种新的社会和产业模式，必须改进现有技术。与传统工业技术相比，3D 打印机仍然是缓慢且昂贵的；而且尽管 3D 打印可以使用从塑料到金属的任何材料，但与传统工业的种类相比，材料仍然稀缺。尽管存在这些限制，数字制造仍然是我们未来探索的方向。

3D 打印行业在过去十年中已经取得了巨大的质的变化，但我们仍处于制造业数字化转型的初期阶段。就好像我们正处于 20 世纪 90 年代第一部移动通信手机的时代——屏幕小、分辨率低、没有摄像头、内存也很小，3D 打印仍然缺乏像目前智能手机中所采用的最先进的技术，但是当我们实现这个技术的时候，一切都将永远改变，甚至包括原子世界。

当然，随着技术的发展，我们必须改变我们的文化和社会习惯。我们需要改变对待产品的方式，我们可以立即开始努力，为数字制造技术变得成熟，实现更广泛、更方便的应用做好准备。

整个供应链的每个环节都必须重新纳入考量。设计师必须从数字制造的角度构思他们的设计，使用设计软件（现在非常普遍），并借助参数化软件（鲜为人知）为最终消费者的干预及定制留出空间，这些都将在产品发布之前发生。这个定制行为应在产品数字化、分销式生产和城市化生产之前。

品牌方是最复杂的部分。事实上，他们必须重新思考产品的整个供应链，不仅是设计师将如何设计它们，而且还要考虑它们将在哪里制造（工厂仍然有意义吗）、在哪里存储（还需要仓库吗）、如何分配（物流和大规模配送起到什么样的作用）、在哪里销售、如何销售（商店如何组织，店员可以是设计师或制造商吗）。

公司还必须回答诸如，商品的价值在于设计还是原材料？我们应该对什么收费，是创意还是材料？从今天开始尝试回答这些问题，品牌方将在第四次工业革命中脱颖而出。

我们消费者也必须尽自己的一份力量，重新思考我们的购买模式，并推广那些对自然和文化生态系统带来较好影响的行为。

最后，毫无疑问，国家机关也应该发挥作用，鼓励制造业回流意大利，促进城市制造业发展，降低购买数字制造技术的税费，并支持学校的新教育计划。欧洲的“未来城市实验室”（Fab City）项目和米兰的“米兰制造”（Manifattura Milano）项目正在朝着这个方向发展。

有待解决的问题还很多，制造业数字化革命才刚刚开始，与新冠疫情相关的危机只是加速了一些已经进行了几十年的进程。现在轮到我们企业家、经理、教授、学生、技术人员和记者来踩下这个油门，希望这台机器继续加速运行，并很快真正引领我们进入另一个更可持续、更高效、更人性化的世界。

第二章

燧石

我收集自然状态的燧石碎片和小型原始工具，包括箭头、刀片和刮刀。其中一些史前物品是朋友给我的，另一些是我在欧洲旅行时收集的。这是一项有趣而轻松的活动，每次发现我所参观的地区是史前村庄或天然燧石矿床的所在地时，我都会这样做。因此，多年来，我在加尔加诺、托斯卡纳，以及法国、荷兰和德国收集了许多标本。

曾经，我想学习如何使用燧石，将其转变成简单的工具。现在，我很乐意对它们进行收集和存档，有时我会把它们展示给来吃饭的朋友，或者更常见的是，我带着它们去参加各种会议，讲述我们与技术关系之间遥远而深刻的起源。

现在，我将燧石作为案例，它并不是我要讲述的最终目的，我希望能够让你相信“人类是技术的产物”，或者更准确地说，技术始终是人性化的。

在开始写这一章之前，作为一种仪式，我在桌子上整齐地摆放了我收藏的最好的石块。每次看着它们的时候，我都感到惊叹，燧石真的是一种迷人的材料。就像其他岩石一样，它坚硬而难以穿透，但同时又能感受到它隐藏着一个秘密、一条通道、一种方式、一种改变它状态的组合。

仔细地触摸和观察它，这种材料在一段时间后会展现出它的渗透性和可塑性。这些特性在其他矿物中是找不到的：其他矿物总是保持不变且因为完美的一致性而变得单调乏味。相反，燧石，正是这种材料的双重性质，即具有可塑性的岩石，使其如此迷人，就像我们人类物种一样迷人和矛盾，是自然和文化、生物学和技术的混合体。

作为 21 世纪的智人，我不知道是否能在不清楚这些材料对我们人类物种进化意味着什么的情况下，也能体验到上述感受。但我确信，我现在桌子上看到的数千年前的燧石对当时的人们来说，就像智能手机或平板电脑对今天的我们有着同样的吸引力。

我同样确信，就像我们喜欢展示（有时是炫耀）我们的新技术一样，我们遥远的祖先一定不止一次地在原始的火堆周围炫耀他们的燧石，他们的新石器工艺品，描述这些技术可以运用的范围：狩猎、取暖、手工艺、军事、农业、艺术等。

简而言之，在这些简单的石器背后，或者说每一项技术背后都隐藏着比我们初看时所能意识到的更多人性。让我们回到我们人类的最初，回到原始工具时代，去发现它。

对上帝的有趣的科学定义

大约 300 万年前，这个星球上发生了一些极其自然但同时又极其不自然的事情。从原始人类（类人猿家族）的进化分支中分离出来一个新的物种，这个物种现在被称为“智人”，我们人类也属于这个物种。这种现象是非常自然的，因为自从大约 45 亿年前地球出现生命起源以来，类似的事情已经发生了数十万甚至数百万次。

伟大的英国科学家查尔斯·达尔文向我们解释说，这种现象是进化过程的基础。没错，根据物竞天择的标准，产生新物种是地球上从共同祖先开始产生神奇的生物多样性的引擎，这种生物多样性让我们着迷于《国家地理》拍摄的各种生物纪录片——蚂蚁、犀牛、海马、狗、细菌、病毒、青蛙和鲸。

今天，我们的星球上生活着大约 900 万种不同的物种，包括哺乳动物、甲壳类动物、鱼类、爬行动物、鸟类、蛛形纲动物和两栖动物，它们都源自同一个祖先和多个分支的后代，在 300 万年前与诞生智人物种的祖先非常相似。

这就是为什么我认为我们智人物种的诞生过程是完全自

然的。但与此同时，更新世初期发生的事情则是不自然的，甚至可能是超自然的——事实上，我们人类的起源真正意义上打破了大自然已经并持续在地球上产生生命的完美公式。

我使用了危险术语“超自然”，从字面意义上来说，即“高于自然”，用于解释遗传学家路易吉·卡瓦利·斯福尔扎的话，他在一次题为“我支持达尔文”的会议上发表的观点认为，我们的物种——智人不再受到物竞天择的影响，因此不再遵循自然法则。

观察一下我们如何饮食、如何繁殖、如何生活，在人属个体之间，特别是在我们人类物种之间，自然进化似乎伴随着或者说被人工和文化进化取代了一部分。于我而言，我喜欢思考生物学和技术之间的共同进化。

历史上，有人用“超自然”来解释我们人类物种——人属智人的起源，但很明显这是不正确的，是不符合自然规律的，违背了动物王国发展的规律。在这里，我想尝试一种不同的方法，当然是更世俗的方法，即在那个孕育我们人类、打破规则的关键时刻，有可能会惊讶地发现一些事物在自然演化过程中的不连续性；我仍然想尝试给出一个符合逻辑和科学的答案，而不是创造出一个神奇或玄学的答案。这是一个很大的挑战。

这不是一篇关于哲学的论文，而是一篇关于我们与文化工具，特别是与技术工具之间深刻（且基础的！）关系的当代文章。因此，我们将从近年来最受欢迎的画面之一，即美国著名导演斯坦利·库布里克在他精彩的电影《2001太空漫游》中记录在胶片上的画面开始。库布里克联合编剧阿瑟·C. 克拉克想象了一种外星的神奇元素——一个完美而非自然的巨石，它与一群非洲猴子接触后，彻底地改变了它们的进化历程，它让猴子们发现了骨头和石头工具，然后发生了一系列故事，最终它们乘坐未来的太空飞船去探索宇宙。

克拉克创作的同名书与这部电影一起发行。为品味其独创性，我邀请你阅读其中一段话：

更新世的类人猿“望月”在接触巨石后开始出现一股完全不合常理的冲动。他抓起一块沉重的尖头石，这给了他一种拥有力量和权威的愉悦感，他接近一只年轻的疣猪，并以闪电般的动作击中了它，最后这只疣猪毫无防备地被抓住。所有其他类人猿都感到惊讶和敬畏，他们聚集在“望月”周围，开始模仿他，野蛮地射击疣猪直至力竭。令人惊讶的是，过了很长一段时间后，其中一只正在哺乳的雌性类人猿开始舔他手指间沾了血的石头。尽管所有这些动作都发生在“望月”眼皮底下，但很久之后他才真正意识到自己再也不用挨饿了。

简而言之，这只更新世的类人猿，一个特殊的“原始人”，接触到了一种神奇的元素，这种元素突然以水晶般透彻的完美形式出现在这群生活在到处是石头和灰尘的平原上的不完美生物之间。由于这种接触，类人猿开始以新的方式看待世界并使用原始工具，这也是技术的原始形态。最终，他带领他的同胞和我们人类完成了决定性的进化飞跃。这似乎是《2001 太空漫游》想要告诉我们的事情。

这也诞生了一个问题：对库布里克而言，人类的起源是否也源于某个上帝的“仙气”？

巨石是神吗？

导演本人在接受采访时表示：

我想说，上帝的概念是 2001 年的讨论核心，但此处的上帝不是传统的、拟人化的上帝形象。我不相信地球上任何的神论宗教，但我确实相信有人可以对上帝下一个有趣的科学定义。

“对上帝下一个有趣的科学定义。”这基本上就是我现在要尝试阐述的内容。事实上，我坚信，任何对我们的起源以及我们作为一个物种独特而原始的生活方式和存在方式寻找科学定义的尝试，都必须从电影和书籍《2001太空漫游》尝试的地方开始，即从原始技术的运用开始。为了做到这一点，我认为避免将结论归结于魔法元素是正确的：没有巨石，没有神圣的仙气，我不知道如何处理和证明这些巨石和仙气，最重要的是，我认为它们并非不可或缺。

更确切地说，我想要采用科学的方法研究我们所了解的那个历史时刻，特别是关于原始燧石工具的事情。

在我看来，强调我们这个不同寻常的物种和技术的同时出现（同步性）出现是非常重要的。这种同步性和完美的同步在所有关于人属和智人的考古发掘以及古人类学研究中得到了证实。这些研究无可辩驳：人类出现的地方，技术也会出现；反之亦然，技术出现的地方，人类也随之出现。我不想了解谁先出现，是先有蛋还是先有鸡，对我来说，人类和技术这两个实体是密不可分的，它们是一回事，是一种“共生体”。

根据这个论点，与技术的密切关系是我们人类起源的根本触发因素，没有必要创造出任何其他魔法元素或神明来证明我们人类特殊的存在。我们的创造者就是技术。或者更确切地说，根据我的论点，创造力（即我们的创造者）是架起我们人类的生物学和技术之间关系的桥梁，这个事件使人类以我们所了解的方式出现。

引用罗伯特·M. 波西格在《禅与摩托车维修艺术》中的说法，我可以说，智人不是一个物种，而是一个事件，是生物学与技术相遇并融合的事件。

那么，让我们来了解一下这两个元素如何相遇并创造出这些奇特的被称为人类的文化动物。

燧石的凹陷断口

实际上，人类用来制造第一批原始工具的主要天然材料有两种：燧石和黑曜石。但是，第一种是沉积岩，分布广泛；而第二种是火山岩，仅在地球的某些地区发现。所以，燧石对于我们人类以及智人的起源和发展发挥了更加重要的作用。

这些硅基材料具有一个神奇的特点：如果划破它们，它们会断裂，形成弯曲和非常锋利的断口。从技术上来说，这种特征被称为“凹陷断口”。

这就是我们的魔法元素，燧石的凹陷断口。我知道这似乎不足以证明我们的非凡性，但有时我想知道，如果没有这些矿物中隐藏的奇异特性，我们人类物种，甚至地球上的生命会发生什么？我们会存在吗？有自我意识的生命形式还会存在吗？我们会在这里如此迫切地探寻我们在宇宙中的位置，并幻想未来吗？我们的生物学会找到另一条道路来结合技术，迈向更高层次吗？

目前尚不清楚第一批人类是如何发现并使用这些特殊的石头并将它们转化为工具的。也许这是一个偶然事件，或者更可能的是他们那个时候找到的是已经成形的石头，并意识到了这些石头不可思议的有用性。

事实上，在冰川、风或山体滑坡等气候、环境因素的作用下，燧石会自然碎裂，形成刀片。人类加工的燧石，我们称之为石制品；如果是天然形成的燧石刀片，我们称之为石器。那么，某些猿人，一种尚未完全属于人类的混合体，一定发现并尝试使用了这些石器，从而开始了通往我们以及我们复杂的生活和思维方式的漫长旅程。

这场以石头为基础的革命持续了大约 300 万年，这个时间跨度使得最近的工业革命，无论是蒸汽革命、电力革命还是数字革命，都像是一眨眼的工夫（上述的每一次革命都只持续了 50 多年）。石器革命是整个更新世的特征，但在某些文化中和某些地区，直到 20 世纪才开始使用石器。

你们可能还记得中学所学内容，更新世这个地质时代根据石器加工技术分为三个时期：旧石器时代（距今 3 000 000 ~ 12 000 年）、中石器时代（距今 12 000 ~ 8 000 年）和新石器时代（距今 8 000 ~ 5 000 年）。随后，在更新世之后和全新世中期，石器被铜器所取代，随后青铜器和铁器相继成为取代者。

旧石器时代是一个非常漫长的时代，持续了数百万年，石器加工技术很少有创新，始终保持简单和初级。直到这个历史时期的最后阶段（旧石器时代晚期），随着智人的出现（20 万年前），石器加工才开始变得复杂，并加入了象牙和骨制品。在中石器时代和新石器时代，燧石加工技术变得非常精致，特别是在引入加工和磨平工具后。

在金属（铜、青铜、铁）时代开始之前，人类知道如何制造各种石器，从箭到犁，从斧到刀，还有厨房用具和最早的艺术形式。

我们将在本章的最后部分讲述一个特殊的人“奥茨”并分析他的一些工具。但现在是时候问问我们自己了，那些最早遇到和使用技术并永远改变他们本性的原始生物是如何生活，以及创造这些技术的。

“这就是人类！”

在哪个地方诞生了能够理解如何使用这些特殊石头的生命形式，而且其后代将激活如此强大的文化进程，以至于永远中断或逃避了自然法则？

最受认可的说法是，由于1千万年前在东非开始的剧烈而深刻的环境突变，人类从类人猿家族中分化出来，形成了一个单独的种类。根据板块构造模型，地壳运动导致非洲大陆东部上升，形成一条被称为东非大裂谷的深沟。

由于古生物学家从未在裂谷以西发现过人类化石；反之，在这条裂谷以东也没有发现其他类人猿化石的踪迹，因此人们认为，类人猿家族的西部种群在与以前非常相似的环境（即潮湿的热带森林）中不断进化，而类人猿家族的东部种群则在非常不同的环境条件下进化，从而两个种群之间产生了巨大的遗传差异。

地壳的上升导致土壤干燥，热带森林逐渐消失，取而代之的是稀疏草原。这些新的环境条件与该地区存在的生物有机体之间的相互作用导致了新基因的选择。因此，随着时间的推移，生活在该地理区域内的物种的外形和特征发生了变化。

其中一项转变涉及南方猿种类（南方古猿）。数百万年来，周围环境的变化给它们带来了缓慢但不可阻挡的改变，南方古猿不再生活在树上，因为在东非大裂谷以东地区树木越来越少见。它们的基因遗传发生了变化，特别是四肢形状发生了变化：前肢变弱，不再用于攀爬；而后肢则变得更强，越来越适合在广阔的大草原上移动。

换句话说，大约350万年前，南方古猿成为类人猿家族中第一个两足行走的种类。这种原始动物最古老的化石被称为阿法南方古猿（*Australopithecus afarensis*），于1974年在埃塞俄比亚阿法尔地区靠近裂谷的地方发现，她被取名为“露西”，以纪念披头士乐队的歌曲《钻石天空中的露西》。那个年代这首歌非常受欢迎，特别是露西被发现的日子里，在考古遗址中经常听到。露西是一名女性标本，年龄约18岁，身高仅1米多，生活在约320万年前。

得益于这些发现，今天我们可以说由于环境压力和激活新的生存技能的需要，我们所属的人类才从这些两足猿类分化出来。大约300万年前，从露西及其同胞类别中诞生了一个新的进化分支——人类，进而产生了一个由大约15个人种组成的繁荣的“灌木丛”，包括能人、直立人、尼安德特人、弗洛勒斯人和智人等。

我称之为“灌木丛”是因为这些物种之间的进化关系不是连续的而是平行的。事实上，他们中的许多长期以来一直和我们共享着地球，并经常相互接触。

不幸的是，除了我们智人，几乎其他所有的人种都灭绝了。尽管如此，我们已经知道了这些人种的所有变体，无论是早期出现的上更新世的能人和直立人，还是较晚出现的尼安德特人和我们智人，都已经表现出一种象征性的思维和一种倾向——通过改变自然来创造文化，通过改变生物特性来产生技术。

使用人造工具，特别是利用碎燧石和火，人类开始狩猎并获得新的安全的食物来源——肉类，它比以前采集的食物更加丰盛并充满能量。新的饮食使该类别下的各个物种拥有支持大脑发育的营养，正如我们所知，人类大脑比其他类人猿大脑的体积大得多，这个器官需要大量的热量才能发挥作用。

凿石以获得狩猎和防御工具、生火、建造庇护所是所有原始人类的常见活动。他们的特征是直立姿势、双足行走和不断增大的大脑尺寸。所有人类物种的大脑尺寸都远超过 600 立方厘米，而他们的共同祖先南方古猿却从未超越过这一极限。

一些学者认为，人类个体开始使用技术正是因为他们有一个较大尺寸的大脑，这让他们能够比其他物种更好地进行推测和实验。而我认为，探索通过使用技术将自然转化为人工的可能性，有助于我们想象力的增长，有利于以智能和进化的方式改善个体，还有助于增加大脑尺寸。事实上，大脑尺寸从能人的 650 立方厘米增加到了智人的 1 500 立方厘米。

正如我们在美国社会学家刘易斯·芒福德的著作《机器的神话》序言中读到的那样，人类的崛起及对自然的统治不仅仅是由于对工具的掌握，更重要的是因为人类在习俗、语言、游戏和社会组织的基础背景中寻找工具的意义。

同样在这种情况下，虽然意识到非物质文化对于人类认知发展的重要作用，但我更倾向于认为，如同西摩·帕佩特所主张的那样，每一项技术、每一项设备都是“认知人工制品”，这就是改变和重塑我们对自己本身和我们生活的世界的思考方式。

简而言之，我相信物质文化激活了我所说的感官智慧，即在操纵物质、看到和感觉物质变化时释放的智慧。这种以人工制品、设备和机器为主角的文化是理解我们人类物种和我们对自然统治的基本要素。

然而，现在是时候离开东非前往欧洲，向前跳跃 300 万年，去聊聊石器时代最后的人类之一了。他的故事将使我们了解，最古老的文明在美索不达米亚发展起来以及人类从史前时期进入历史之前，旧石器时代的石器技术如何深刻地改变了我们人类物种。

奥茨

与许多其他属于人类的物种一样，智人也于大约 20 万年前出现在东非。随后，他们逐渐征服了整个地球：首先是中东；然后是欧洲和亚洲；最后是美洲，这比哥伦布 1492 年（重新）发现它早了几千年。

因此，我们人类从旧石器时代晚期开始在欧洲生活了大约 4 万年，也正是在欧洲，经历了一场文化和社会习俗的深刻转变，人类从游牧狩猎采集者转变为定居农民。在结束本章之前，我们将了解一位欧洲智人，他生活在新石器时代末期和铜器时代初期（大约 5 000 年前）之间的阿尔卑斯山上。他的名字叫奥茨。

对于许多考古学家、人类学家和古生物学家来说，奥茨的发现是 20 世纪最重要的事件之一，比露西的发现更重要，也许比整个古人类学历史更重要。

奥茨也被称为“西米劳恩木乃伊”或“冰人”，被发现于意大利和奥地利边境的阿尔卑斯山海拔 3 200 米的地方。由于全球变暖，随之而来的是覆盖和保存了他约 5 000 年的冰层融化，他的木乃伊尸体得以重见天日，最后于 1991 年 9 月被两名德国游客注意到。

奥茨的尸体、衣服和装备都保存完好。正如前面提到的，这些特征使得这一发现在古生物学、人类学和考古学史上都特别重要。但我对生物学问题不感兴趣，我将重点关注奥茨随身携带的设备，因为它们向我们传递了很多关于石器时代末期所实现的技术知识的信息。为了写这本书，我去了博尔扎诺考古博物馆，所有这些非凡的物品都保存在那里并向公众展示。

在奥茨尸体旁边发现了以下物品：

• 木制驮包（一种原始背包），最初还配有毛皮袋或用于运输物品的网袋；

• 一根近 2 米长的紫杉木棍，很可能是正在制造的弓；

• 一个狍子毛皮制的箭袋，里面有十二支未完成的箭和两支待用的箭，两支箭的尖端都有燧石片；

• 箭袋内还有其他物体，如四个鹿角尖（可能用于剥取猎物的皮）和一根 2 米长的绳子；

• 一把长 13 厘米的匕首，其刀刃固定在白蜡木柄上，并用动物筋腱固定；

• 一把 60 厘米长的铜斧，配有紫杉木手柄；

• 燧石修整器——一种长约 12 厘米、外形类似于铅笔的工具，主体是一根去皮的椴树树枝，其尖端有一片突出的薄薄的角片，经火硬化后插入树枝的髓腔内。

想象一下，如果我们同时代的人陷入裂缝，并且一陷入就被雪覆盖，最终在 5 000 年后才被发现。通过观察我们随身携带的物品，那时的人能够了解我们多少事情？智能手机、背包或钱包，背包内的笔记本电脑、耳机、房门钥匙、钱包、信用卡、充电器……

我们真的可以通过物品重建我们的风俗、习惯和社会结构。对于奥茨旁边发现的东西也可以做同样的事情。正如你们所了解的那样，奥茨装备非常齐全，技术非常先进，事实上他拥有移动和狩猎所需的一切。他很可能不是农民，而是猎人，因此必须携带生存所需的一切物品。此外，正如他身旁的燧石修整器所证明的那样，我们的这位远亲知道如何维护他的一套技术和武器，而且也知道如何生成新的技术和武器，就像那件正在制造的弓所表明的那样。

奥茨大约 45 岁，在他的社会中一定扮演着相当重要的角色。他身旁的铜斧证明了这一点，这是一种前卫的技术，在当时是真正的稀有品。与我们的数字时代物品相比，就好像我们中的一个人拥有一台量子计算机……

震撼我们的不仅仅是奥茨带着的技术装备。他身上还携带着白桦多孔菌，特别是两块菌被插在皮带上。很可能这就是他的小型旅行药包，因为这种菌类可被用于治疗，具有类似抗生素的抗菌和止血效果。此外，这种菌类还具有高度易燃性，非常适合点火，只需用打火石敲打便可引燃，而燧石除其他特性外还具有打火石的功能。

综上所述，奥茨完美地展示了一个他所生活的时代的人类形象，他完全融入了他所处的技术和文化环境，也就是石器时代，但同时他也对正要到来的铜器时代变革有所窥探。我们可以想象他的日常生活：用弓箭狩猎，用匕首剖解动物，制造和修理工具零件，在野外生火烤肉和露宿……无论过去还是现在，技术都决定性地界定我们的日常，并塑造我们的生活。

2010 年，在一次对奥茨的尸检中，科学家发现我们的这位祖先是因为被燧石箭射中而死亡，这一细节在 20 世纪 90 年代的首次分析中被漏掉。在我看来，通过强调奥茨因技术而生并因技术而死的这一事实，而不是去猜测他悲惨死亡的原因（是谁用那支箭射中了奥茨？这个人为什么这么做？为什么没有掠夺奥茨身上的物品？）来结束这一章更有意义。这让我们反思人与发明之间的共生关系，它有好的一面，也有坏的一面；有益处，也有弊端。哪怕是从技术像燧石一样简单的时代算起，人与技术之间的关系也一直很复杂。在下一章中，我们将精准讨论这种微妙的关系，并提出一些解决方案，使其更加平衡。

第三章

制动器

我喜欢骑自行车。除了令人难以置信的自由感外，这种交通工具最迷人的地方是，其工作运用的所有技术都在可见范围内，没有黑匣子或隐藏部件。当你使用它并看到它的运作过程时，你就会了解它所包含的所有技术。

简而言之，对于那些热爱科学和技术、想要了解事物运作原理的人来说，自行车是一个真正的“游乐园”。它是一种可以带给人们伟大顿悟的媒介。

就在我写这本书的某一天，当我骑车去办公室时，目光穿过自行车的前叉①和轮胎，我被自行车前轮上的碟刹深深吸引：它精准切割空气，果断地插入两个刹车片之间，当你捏住车把上的刹车杆，它会立即做出回应……真是一台简单而完美的机器，能把速度转化为宁静，给予我安全感。简直就是魔法！

但我对这个魔法了解多少？它是什么时候诞生的？是谁发明了这项非凡的技术？

① “前叉”指的是自行车前部的叉子，即前悬挂叉或前悬挂系统的组成部分。它连接到前轮轴并支撑前轮，同时也用于吸收和减震来自不平路面的冲击。

因此，我决定研究这个问题并专门为制动技术撰写一章。接下来几页将是速度历史的倒摄镜头。

在电影摄像技术中，对景反拍[①]指从与主镜头相对的角度、相同的距离拍摄的场景。是的，回顾一下我们的历史，科学历史和技术历史总是青睐那些给世界带来速度和加速度的发明和发明家们。

因此，我们在书店和图书馆的书架上摆满了飞机、摩托车、火箭、蒸汽机、内燃机和喷气发动机发明者的历史。然而，在这里我将讲述谁发明并制造了制动、减速装置的故事。我这样做并不是因为被那些阻碍创新的人所吸引，而是因为没有他们就不会有进步，只有崩溃和事故。

我一直认为，一种文化，就像一个有机体或一个组织，要想健康，就必须思考并平衡内部两种力量——推动和制动，即创新和传统。这是一个动态平衡的问题，是速度与静止、未知与已知之间的健康平衡问题。

有一句古老但令人难忘的标语：“如果没有控制，权力就一无是处。”没错，想要展示力量，走得更快，就必须有一个

① “对景反拍”是一种特定的拍摄技术，指摄影师将镜头对准主体物体的背面，使主体物体处于光源的背后，从而产生明亮的背景和剪影效果。这种技术常用于艺术摄影和影视创作中，可以创造出剧烈的光影对比和戏剧化的效果，增强画面的艺术表现力和情感感染力。

好的减速系统。简而言之，没有制动就不可能有速度。

我坚信任何关于技术的讨论、任何关于我们与人工智能共生的思考，都应该考虑这个主题。因此，我认为讲述制动器的故事，至少可以使我们更好地理解我们的历史，并更好地应对一个更加可持续的未来，在未来对新事物和速度的追求必须与我们每一次有意识的选择相结合。

不知名的发明者

几乎可以证实，直到现在，人们对于不同制动系统的发明者都没有多少兴趣。我不得不承认，我无法在这里说出历史上第一个制动器系统的创造者。没有任何档案记录了谁首先想到、设计并制造了用于减慢车辆运动的装置。

并不是说，在这位无名技术英雄突发奇想的时代，人们普遍对发明没有很大的兴趣；而是说，即使是维基百科在“制动器”一词的搜索结果中都没有一个“历史概述”的部分，反之几乎所有其他重大技术发明都有“历史概述”。现在是时候补上这一块知识了……

当我深入研究这个主题时，我发现“制动器”（freno）一词来自拉丁语“frenum”，而其又源自动词“frendere”，即

“磨牙”。正因如此，如同我们看到的那样，第一个制动器是用在马身上的。事实上，当时的制动器是一个金属横杆，与缰绳相连，放置在马或其他动物的嘴里以引导它们。“咬住制动”（mordere il freno）这个词就来自这个背景。

历史上第一个制动器很可能安装在马车上，也许在中世纪甚至古罗马时代早期就已经出现。事实上，由动物尤其是马拉动的车是一项非常古老的发明。在很长一段时间里，由于车轮和道路的质量较差，马车的速度很慢，所以这些马车都是直接通过缰绳来制动的。

这种原始制动技术的证据现在仍然可以在用于挽马的马具中找到。例如，有一条带子缠绕在马的背部，环绕在臀部下方。这条带子被称为“braga”，用于精确地停止马车，防止车辆的惯性伤害马腿。

由于道路条件和车轮性能的改善，马车的速度提高了，人们也开始察觉到锁定车轮的必要性，而不再仅仅依赖马的力量。因此，在某个不确定的时间，一定有人开始在这些车辆上安装制动系统来阻止它们的移动。

历史上第一个制动器就这样诞生了，很可能是一块简单的木块，被枢轴固定在马车的框架上，小心地操纵它与车轮接触，利用两者间的摩擦可使车辆减慢并停止行驶。

这些基本的机械系统已经发展和传播了几个世纪，并且几乎没有创新，只是发生了形式上而不是功能上的变化。因此，慢慢地，那块粗糙的木块被转变成由螺丝操作的缓冲器或由杠杆移动的滑块，无论如何，这些组件由车夫或他的助手操作，最终仅通过简单的接触制动车轮。在17和18世纪，这些制动系统几乎出现在欧洲大城市（如巴黎、维也纳、米兰）所有疾驰而过的马车上。

在研究历史的过程中，我惊讶地发现在最新的高速公路法规中仍然明确提到了这些系统：

第六十四条　畜力车辆制动装置。规定：

1. 两轮式畜力车的制动系统，由木块、塞子或缓冲器制作而成，作用于轮辋上，必须通过机械螺杆或蜗杆曲柄操作。通常情况下制动操作手柄必须位于其中一根轴的外侧。这些木块、塞子或缓冲器安装在轮胎的外表面上，在施加压力时它们将充当车辆的制动器。

2. 四轮式畜力车的制动系统与两轮式相同，必须安装并至少作用于车辆的两个后轮。

在载货两轮车和四轮马车是运送人员和货物的主要交通

工具的年代，不仅不存在沥青，而且也不存在轮胎和内胎。车轮由木头制成，并用铁制部件在车轮周围加固。所以，你可以想象当这些车辆在泥泞甚至尘土飞扬的道路上行驶时，上面描述的制动器会有什么样的效率。

因此，在整个18和19世纪，甚至在20世纪初期，欧洲城市频发各种交通事故，其中最著名的一次——至少对于像我这样从事科学史研究的人来说——发生在1906年，法国科学家、诺贝尔物理学奖得主玛丽·居里的丈夫皮埃尔·居里在巴黎被马车碾压身亡。

火车的出现

直到20世纪初汽车出现之前，马车一直主导着城市交通。在19世纪，火车取代了马车开始用于城市之间的长途旅行。

历史上第一条铁路线于1825年由英国工程师乔治·史蒂芬森设计并建造于英格兰东北部的斯托克顿和达灵顿之间。它仅用于货物运输。直到1830年——再次感谢史蒂芬森——第一条专门用于客运的线路开通，这次是在利物浦和曼彻斯特之间。

正如我们将看到的，解决比马车更大、更重、更快的交通工具的刹车问题，推动了人们开发出新的更有效的解决方案（至少相对于此前所研究的解决方案而言）。

在火车发展历史的初期，工程师在机车上没有设置制动系统。唯一能做的就是采用“反蒸汽制动”技术，即利用反向蒸汽的压力来制动气缸内活塞的运动。这种技术效率不太高，也会对机械部件造成较大压力。

那么，火车是怎么停止的呢？

技术史上常常发生技术相互渗透和转移的情况：最初的铁路技术人员让这些新的蒸汽运输工具适应了与马车时代相同的制动方法。你会笑着发现，当时每节车厢都有一个专门负责这项工作的员工，称为制动员（字面意思是“人力制动员”）。当火车司机通过汽笛发出特定信号时，他们协同操作曲柄或杠杆，一起制动，跟传统的马车制动一模一样。

在采访了该领域的一些专业人士后，我发现即使在意大利，在铁路发展历史之初也存在这样的现象，并且火车司机和制动员之间的通信代码如下：正常制动，只需三声短而响亮的汽笛声；三声以上汽笛声，需要用力制动所有刹车；一声短促的汽笛声，则是命令部分刹车员放慢速度。

不难看出，在一片嘈杂之中，让制动员协调一致并让火车顺利有效地停下来是多么困难。惯性和火车之间的碰撞可能将每次制动操作变成一种不太有趣甚至是危险的体验。这就是铁路技术人员几乎立即开始着手解决这个棘手问题的原因。

最聪明的解决方案是由美国人乔治·威斯汀豪斯提出的。他和托马斯·阿尔瓦·爱迪生都是19世纪下半叶最著名的发明家和企业家。为了了解这个人物的重要性，我不得不提到，正是他与尼古拉·特斯拉联手支持使用交流电，反对由爱迪生提出的直流电。

1869年，威斯汀豪斯发明了一种压缩空气制动系统，并获得了专利。大约一百五十年后的今天，该系统仍是全世界火车上使用最多的系统。这种类型的制动器主要是利用火车蒸汽压缩机产生的空气，并通过刚性和柔性管道装置传输到整个火车，到达每节车厢。这样，火车驾驶员只需一个操控指令，就可以同时启动所有车厢的制动器，从而产生更加协调、有效和温和的制动，不会对乘客造成冲击和危险。

通过查阅手册和采访该领域的专业人士，我发现威斯汀豪斯的制动系统就像铁路上使用的许多技术一样，属于故障安全类型，即：如果技术有效，火车就运行；如果无效，火车就停止。为了实现这一点，系统不使用压力来制动，而是使用压力来保持列车运行。事实上，整个装置始终保持在

5个大气压左右，该压力值可以解除所有车厢的制动并释放车轮。在这种情况下，火车可以自由行驶，因为它没有被制动。如果要使火车停止，驾驶员通过位于驾驶室内的控制旋钮来降低压力，这会传导到锁定车轮的制动器上；然后，驾驶员通过对控制旋钮进行操作，可以恢复压力，到5个大气压时即可再次释放车轮……如上所述，现在更清楚的是，威斯汀豪斯发明的系统是故障安全类型，因为任何关于火车制动设备的压力问题都会立即使火车停下来。

想象一下，如果反过来运作，即制动器是通过压力而不是缺乏压力来操作的：火车在高速运行中进行制动时，驾驶员操作控制旋钮以增加系统中的压力进行制动，但是就在那一刻，他意识到压缩机不工作了……你们能想象后果吗？

当我在米兰国家科学技术博物馆工作时，我喜欢谈论并且喜欢向公众展示的物品之一就是19世纪末用于制动蒸汽火车的原始且令人好奇的制动系统。在20世纪初，该系统被称为“沙箱”。事实上，在博物馆的铁路馆展出的所有火车车轮附近，都可以看到一根弯曲的金属管，其末端正好指向车轮接触轨道的区域。

“你觉得那个管子是做什么用的？”我着迷地站在那些巨大的机器面前向公众提问……在成为馆长之前，我当了两年博物馆导游，见过成千上万的参观者，但没有人能正确回答出这个问题。事实上，很难想象，为了更好地让火车停下来，19 世纪的技术人员想到了撒下沙子，一种可以增加车轮与轨道之间的摩擦力的材料，从而大大提高制动效果。

火车的沙箱是最美丽的例子之一，它很好地展示了速度与减速之间的斗争如何催生了伟大的发明，并迫使人类发挥和动用他们的想象力和所有顶尖的智力资源。

火车正在刹车，是时候下车了。我们必须换乘其他交通工具继续我们的旅程。

自行车

在发明火车的同一年，乔治·史蒂芬森试图质疑牲畜驱动的运输方式，这位德国发明家构思了另一种令人难以置信的创新运输方式，其目的是至少在城市环境下取代马匹。所以在英国，这项发明长期以来被称为“木马”（hobby horse）并非巧合。

卡尔·德莱斯是一位贵族，确切地说是一位男爵，尽管是贵族出身，但他却深受民主价值观的鼓舞，也许正是因为这个原因，他设计的交通工具随着时间的推移，成为有史以来最受欢迎和一直被使用的交通工具——自行车。

事实上，以“德莱斯车”（draisina）之名载入史册的确实是一辆两轮车，但当时还没有踏板。德莱斯将这种车辆称为“Laufmaschine”，或者更确切地说是“跑步车”。事实上，司机是靠双腿踩地，高速推动车辆前进的。1817 年 7 月 12 日，德莱斯驾驶着他的跑步车从曼海姆到施韦青根，往返了 28 千米，几周后他甚至成功骑车行驶了近 80 千米——这是一个新时代的黎明。

跑步车主体由木头制成，车轮一周被铁片覆盖，还有一个笨重且原始的车把，这些都让驾驶变得很困难。可以想象，由于材料的重量和摩擦力，德莱斯车并不是一种非常快的车辆；如果操作得当，它的最高时速可以达到 15 千米，这个速度不需要德莱斯在他的自行车上安装制动系统，因此这辆自行车的制动方式完全跟启动时的方式一致，即用脚踩住地面。也许正是因为这个原因，以及车轮在城市街道上发出的巨大噪声，德莱斯车被认为是危险的并且经常被禁止使用，其引起的事故和跌倒并不少见。

距德莱斯车发明近四十年后，两轮车的制动器在下一款自行车中出现了。这要归功于非常年轻的法国机械师欧内斯特·米肖和他的父亲皮埃尔。

没有刹车的四十年是一段很长的时间。在创新领域，这似乎是一个普遍规律：先有速度，然后才有控制速度的方法。纵观人类历史，每一次重大的文化和技术变革似乎都会有一小撮革命者和冒险者迫使整个人类加速，从而使一代人陷入危机和不适应。然后，使用者在最初的无意识后重新开始思考应对突然加速的控制系统，但总是伴随着系统性的延迟。

自行车就是这样，其他几十项发明和文化变革也是如此。例如，想想最近的《通用数据保护条例》，这是欧盟关于个人数据和隐私处理的法规，于 2018 年生效。网络于 1993 年开始流行，应用程序经济于 2007 年开始流行，但我们花了十多年的时间才建立了一个监管框架来控制这些新工具的力量，同时保护它们的使用。

让我们回到米肖和自行车制动器。19 世纪 60 年代初，当他刚刚 20 多岁的时候，这位法国发明家与他的父亲合作，改进了德莱斯的 Laufmaschine，使这项技术实现了巨大的飞跃，同时提高了速度。速度的提高也迫使他们开始构思第一个自行车刹车。

米肖和他的父亲是巴黎的铁匠，也是马车修理工。有一天，一台需要修理的德莱斯车送到了他们的车间。在修理期间，米肖和他的父亲寻思在德莱斯的发明上添加两块踏板，即使这些踏板固定在前轮上，并且没有链条传动。由此诞生了一种新的交通工具，称为“自行车”（biciclo）或“速步车”（velocipede）。

这种自行车比德莱斯车效度快得多，甚至可以达到每小时25千米，它立即在公众中获得了巨大成功。当然这还要归功于奥利维尔兄弟雷内和艾梅——这两位富有的法国贵族在1865年的夏天从巴黎到马赛骑行了约800千米，一举震惊公众，同时也证明了自行车也可以用于长途旅行。两兄弟堪称历史上第一批自行车游客。

奥利维尔兄弟对这一记录并不满意，因此投资了米肖（Michaux）公司，米肖公司因此能够开设一家真正的工厂来大规模生产自行车。那些年，米肖公司的产量呈指数级增长，从1866年的2种型号增加到1867年的140种型号，再到1868年的400种型号，自行车从手工艺品转变为工业产品。与所有自行车的革命相一致，欧洲正在经历工业化变革。

与此同时，米肖家族还设计了第一个制动系统。那还是19世纪60年代中期，车轮仍然是用木头和铁制成的，米肖引入的制动器很初级——一个通过简单的杠杆系统和电线直接作用于胎面的金属片。你会惊讶地发现，最早操作自行车制动器的系统并没有像今天一样使用车把上的杠杆，而是要求骑车人自行旋转整个车把，这个过程会使电线缠绕，通电的同时就会激活制动片。

毫不奇怪，这些早期的两轮交通工具被命名为“摇晃车”，它们的使用者被誉为无所畏惧的英雄。意大利也有这方面的直接证据。据历史学家称，第一辆自行车于 1867 年抵达意大利，这要归功于来自亚历山德里亚的啤酒实业家卡洛·米歇尔，他在当年巴黎举行的万国博览会上购买了一辆自行车。1868 年 9 月，一份皮埃蒙特的报纸对此进行了报道：

> 这就是能在周围扬起一片尘埃的自行车。如果不是马拉松的尘埃，那就是科尔索或达米广场的尘埃；如果敢于骑它的骑士不是斯巴达三百勇士中的一员，那么他至少是一个勇敢的、敢于尝试新机器且随时冒着英勇倒下危险的年轻人。

尽管有这些缺点，自行车还是取得了巨大的成功，因为它吸引了贵族的注意，为了满足好奇心，他们开始使用自行车；但最重要的是自行车引起了资产阶级的注意，他们反而很快接受了它的现代性和活力。正是资产阶级使自行车流行起来，首先这要归功于直接的工业投资，然后要归功于大规模的使用，自行车不再仅仅作为一种娱乐手段，而是作为一种日常的城市交通工具。

自行车的普及和商业成功开创了实验时代。因此，许多欧洲制造商针对自行车设计制造出了各种款式。特别是来自英国考文垂的发明家詹姆斯·斯塔利和威廉·希尔曼于1869年为“Ariel”自行车申请了专利。该自行车的特点是前轮比后轮大得多，因此每蹬一次就能够行驶数米，从而提高了骑行效率。

这一特点成为19世纪90年代末的流行趋势：一些车型的前轮直径甚至达到了3米，需要梯子才能登上车座。自然，这种技术选择恶化了骑车体验，使自行车变成了一种极端主义和英雄主义的行为，它在平衡尤其是刹车方面存在重大的问题。在英国，甚至还由此创造了“倒栽葱”（head over heels）这个词，即“双腿悬在空中”，用来描述典型的从自行车上摔下来的情况。这种情况主要源于突然刹车停住了巨大的前轮，不幸的骑车人在完成了一个“死亡的空中旋转”后，摔倒在地上。

值得庆幸的是，这种增加前轮尺寸的趋势很快就被抛弃了。实际上，从20世纪80年代后半叶开始，“安全型”自行车开始流行，它具有两个直径相等的小车轮，并且通过链条传动和齿轮来提高每次蹬踏的效率。也正是在那几年，人们用橡胶踏板取代了金属踏板，改善了骑车体验，能更好地缓冲地面的不平带来的震动。

与如今已成为前轮大后轮小的代名词“biciclo”相比，这种新型交通工具需要一个特定的名称。鉴于其尺寸较小，人们选择了一个缩小版的名称，即“bicicletta”，很快它就取代了“安全型”自行车这个具有说教意义的名字。现代自行车诞生了，这是历史上最伟大的发明之一。1895 年，一篇技术杂志写道：

现代自行车的外观或许不那么诱人，步态也没有那么贵族化，但它更加脚踏实地，早期自行车无法做到的事情，它自然而然地做到了：它普及了自行车的使用。早期自行车已经被主流抛弃，消失于历史长河中。

尽管新车型做出了诸多改进，但制动仍然是一项关键操作，正如 1895 年发布于《完美自行车手手册》中警告的那样：

初学者需要逐渐适应或最好是学会用脚刹车，尤其是气胎车，由于刹车球过大容易导致橡胶受损。用脚刹车，应该逐渐紧绷腿部肌肉……在极端情况下，还可以使用自动刹车；

会脚刹的人将始终有两种刹车可供选择，一种是自然刹车，一种是机械刹车。

尽管存在这些令人担忧的问题，但自行车已经具备了成为一个高效、受欢迎和安全的交通工具的所有特征。它逐渐发展成为现在的样子，并逐渐吸收了其他领域的刹车技术，比如现在我的自行车上配备的碟刹，这也是引出本章内容的起点。但是我们很快就会发现，在应用于自行车之前，碟刹首先是应用在汽车上的。

准备好了，出发，前进……汽车的历史始于一场相当惊人的事故，事故的发生正是因为缺乏制动器。当时还处于 18 世纪末，火车和自行车都还不存在，一位有远见的法国军事工程师约瑟夫·尼古拉斯·库诺想到利用蒸汽作为推动力在道路上移动一辆马车。如今，库诺的“库诺马车”在巴黎艺术与工艺博物馆中展出，被视为现代汽车的鼻祖。

这辆汽车原本是为军用而设计，可以搭载 4 个人，并且被设计用于运输武器和战争装备。它的长度超过 7 米，宽度超过 2 米。该车只有 1 个驱动轮，即前轮，通过 1 个手柄操纵 1 个蜗杆齿轮来控制。发动机由 1 个燃烧器、1 个锅炉和 2 个垂直排列的气缸组成，总排量为 6.2 升，每隔 15 分钟就需要给燃烧器和锅炉加满木材和水：因此，在车辆底部有1个木材筐和1个水桶。当然，那个时候加油站还不存在。上述因素使得这个车辆重达4吨，大约是我们现代小型汽车的4倍重。

1771年，大胆的库诺在巴黎的街道上进行了首次实验。在其中一次实验中，他的车在烟雾和蒸汽弥漫的道路上以每小时5千米的速度前进（这是它的最高速度！），然而在一次转弯时，库诺忽然意识到自己没能很好地控制车辆，最终巨大的惯性和刹车的缺乏使其无可避免地、无情地撞向并推倒了一堵墙——这也是历史上第一起汽车事故。

这一不幸事件并没有阻止蒸汽技术在道路交通上的发展。事实上，尽管如今它们几乎已经被遗忘，但在19世纪，蒸汽汽车取得了巨大的成功，技术上达到了相当高的水平，远远超过了库诺在前一个世纪所做的努力。以至于在20世纪初，它与电动汽车、内燃汽车一起被认为能够在未来的交通中扮演重要角色。正如我们所知，最终内燃汽车取得了胜利，但在当时，结果并不明显。库诺马车的继承者们表现非常出色，并宣称要主导全球汽车市场，以至于在1906年，他们发明了一辆蒸汽汽车——“斯坦利火箭”，成为首辆突破时速200千米的汽车。

看到了吗，被速度的历史所吸引是多么容易？

但我们选择了另一个视角，让我们回到对景反拍，放弃关于速度的讨论，而专注于刹车的历史。

在19世纪末和20世纪初，随着电动汽车、蒸汽汽车和内燃汽车的出现，人们越来越清醒地意识到必须要大力改进刹车系统。正是在这个时期，刹车系统的技术和工程领域取得了重要发展——发明了鼓式刹车和盘式刹车。现在这两种刹车不仅应用于汽车，还应用于火车、自行车和各种交通工具上。

实际上，最早的汽车仍然使用杠杆或踏板系统，通过传输部件（通常是电缆）直接作用于木制和金属制的车轮，就像几十年来在自行车和马车上那样，在这方面汽车是它们的直接继承者。

但是，随着车轮外胎和内胎的引入，在19世纪末，这种系统变得越来越不适用。事实上，刹车可能会加速磨损轮胎，从而危及驾驶。因此，在20世纪初，许多发明家开始考虑设计一种新型刹车系统，最终成为汽车前50年历史最主要的技术特点——鼓式刹车。

在持有这个想法的先驱者中，德国的威廉·迈巴赫和戈特利布·戴姆勒起到了至关重要的作用，尽管真正使其推广并获得专利的是法国工业家、雷诺汽车公司的创始人路易斯·雷诺。

在这种制动系统中，摩擦不再作用于车轮上，而是作用于与其啮合的一个部件上。该装置的一部分固定在车轮上，即制动鼓，而与之同轴的另一部分固定在车身上，并包含夹片。这些夹片与一个钢丝绳或液压系统（从1930年起）相连，当驾驶员踩下制动踏板时，夹片张开并与制动鼓内部摩擦，从而制动车轮和汽车。

与以前的制动系统相比，这种系统更加高效，使得汽车在20世纪上半叶得以普及。然而，它存在一个问题：在高速或连续制动的情况下使用，例如，在长下坡时，它会产生很高的热量，从而影响车辆的安全性。

因此，几十年来，人们更喜欢使用盘式制动器。盘式制动器也是在20世纪初发明的，但直到二战后才变得流行起来，当时汽车的速度和重量开始显著地提高和增加。盘式制动器由于是开放式的，可以更好地散发热量，因此更加高效。

这种类型刹车的最早的实验可以追溯到19世纪末，尽管直到1902年才由英国工程师弗雷德里克·威廉·兰彻斯特获得专利。然而，由于缺乏高温性能材料，这种刹车直到1955年才被广泛应用于雪铁龙DS车型。

如今，几乎所有市场上的汽车都使用盘式刹车，在过去几年中，意大利的工程师和技术人员开发出了能够最大程度优化刹车性能的技术和材料，正如全球最著名的盘式刹车公司布雷博所宣传的那样：

大多数车迷都知道一辆赛车速度从 0 到每小时 100 千米需要多少秒。但是，有谁知道布雷博的刹车系统能够在不到 4 秒的时间内将一辆以每小时 300 千米的速度行驶的汽车停下来？这真令人印象深刻。

在经历了两百多年的历史之后，终于在 21 世纪，降速变得与加速同样重要。这似乎是一个微不足道的小事，或者说只是一个不那么让人感兴趣的技术数据，但它暗示了人类应该始终追求的一种重要平衡：不是缓慢，而是速度与安全和意识的结合。

在结束之前，让我们谈谈刹车系统历史上的最后两个重大创新。

第一个创新——防抱死系统（ABS 系统），是一种防止车轮锁死和车辆失控的技术。瑞典汽车制造商沃尔沃在 1974 年首次将其引入汽车，并在 20 世纪 70 年代末由德国公司博世进行了进一步的开发。通过电子反馈系统，这项技术可以避免刹车时车轮锁死和车辆打滑。从 2004 年起，它已成为所有汽车和摩托车的基础配置。

最后，我们以一项完美的技术来结束这一章，这项技术能将加速和减速，或者说速度和制动融合在一起，它就是——能量！

第二个创新——动能恢复系统（KERS 系统），是一种能够从制动中恢复能量的系统。从物理角度来看，任何加速到达并保持一定速度的车辆都可以被视为具有动能的物体。这种动能来自于燃料中储存的能量，在发动机内燃烧释放出来；如果是电动汽车，动能来自于电池的化学能。

无论是怎样的能量，都是我们已经付过费的。

在制动过程中，所有的动能都会以热的形式消散，这种热主要用于加热刹车片，同时也加热了我们的路面和车辆周围的空气。为了让你了解刚才所说的能量消耗度，我进行了一些计算。假设你驾驶一辆重约 1 500 千克的汽车在高速公路上以每小时 150 千米的速度行驶：你知道一次制动会消耗多少能量吗？整整 120 万焦耳，相当于 0.35 千瓦 · 时，这个能量足够让一个 10 瓦的 LED 小灯泡照亮房间约 35 小时。一次制动，35 小时免费照明！

正因为如此，现在不仅仅是赛车，包括新一代电动汽车都配备了 KERS 系统，都能够在制动过程中恢复动能，并通过发电机为电池充电。我相信这就是未来的方向，我们将继续在可持续道路上快速但安全地奔跑。

第四章

咖啡机

在开始写本章之前，我把家里所有的咖啡机都拿出来，按顺序放在厨房的桌子上。

就像很多意大利家庭一样，在我的家里也有许多不同形状、材质和尺寸的咖啡机。我不知道我有这么多，包括两台旧的咖啡机和很多摩卡壶，几乎把桌子占满了，以至于没有空间放我的电脑。

我甚至把厨房里我不经常靠近的小柜子都清空了，在完成了咖啡机的收集和归类后，我手扶着椅子从高处观察那个场景，过了一会，我把鼻子凑过去，环顾四周，陶醉在那些不锈钢、铝和酚醛塑料里。

在弯下身子感受那些因时间和火焰而磨损、变黑的金属几秒钟后，我被一种奇怪的感觉击中了，就好像我不是在我的厨房里，而是在其他地方——一个时间和空间上都很遥远的地方。

那是什么地方？

1851年，伦敦世界博览会

我一边低声说着，一边迷失在那些小巧简单却令人着迷的机器的细节中。

就是这样：看着那些由阀门、垫圈、锅炉和烟囱组成的咖啡机，我仿佛正游走在历史上最著名的世界博览会——1851 年伦敦世博会的展馆间。那次博览会庆祝了第一次工业革命的巅峰时期——蒸汽革命、热力学革命和机械革命，展馆内一群 19 世纪最伟大的发明家们展示了他们惊人的发现和最奇特的发明。

漫步在博览会的走廊里，你可能会遇到伟大的科学家，如实验物理学家迈克尔·法拉第和革命性的博物学家查尔斯·达尔文；还有出色的发明家，如伊桑巴德·金斯顿·布鲁内尔和查尔斯·巴贝奇。

在伦敦世博会上，不只有英国人，共有 44 个国家展示了他们的发明，所以你也可以在会上看到来自美国的创新奇才，这个国家在十几年内成为全球科技领域的标杆。来自美国的参展者包括左轮手枪发明者塞缪尔·柯尔特、“电报之父”塞缪尔·莫尔斯和摄影先驱马修·布雷迪。

除了科学家和技术人员之外，卡尔·马克思等伟大思想家以及查尔斯·狄更斯和刘易斯·卡罗尔等作家也出席了伦敦世博会。

此次展览吸引了超过 500 万人参观，并为英国首都留下了像遗产一样的三个最重要的博物馆——维多利亚和阿尔伯特博物馆、科学博物馆和自然历史博物馆。

总之，这是一个必去之地，是在我幻想的时间旅行游戏中，总是会选择的时空坐标之一——1851 年夏天的伦敦。对我来说，它超过了金字塔的神秘、法国革命的力量或古罗马时代的辉煌。只需要一次旅行，我就有机会见到许多我心目中的英雄，尤其是可以感受历史上最伟大的科技变革带来的热情和恐惧。

海德公园为这次活动专门设计了一座宏伟的水晶宫。它由铁和玻璃建造而成，位于公园的西北侧。博览会期间在此举办了一个展览，展出了刚刚结束的工业革命时代所有的蒸汽式机器，真正地回顾了从 18 世纪末到 19 世纪中叶的技术演变，从苏格兰詹姆斯·瓦特的传奇技术到美国奥利弗·埃文斯的现代技术。

锅炉、管道、阀门、烟囱，特别是蒸汽，很多很多的蒸汽——这就是你可能会在一百五十多年前伦敦上演的人造奇观中看到的景象……而这也正是我观察厨房桌子上的咖啡机时的感觉。

咖啡机并不是在第一次工业革命（1780—1830 年）期间发明和生产的，但它的出现很大程度上受到了其启发，因为正如那些技术一样，它通过火、水和蒸汽完成了一个卓越的热力学过程来产生价值和味道。

这是一种非常冒险的表达方式，不过也是一种幽默玩笑。但我相信，如果瓦特或埃文斯看到它运作，并品尝到由此过程制作的饮料的味道，一定会感到惊讶，同时，他们的智慧也会被咖啡激发到顶峰。没有一台蒸汽式机器能够让人产生如此强烈的愉悦感。正如我们将会发现的那样，这也是一场伟大的文化革命……

黑色饮料的神话

然而，如果它不是在 19 世纪被发明的，那么这个完美的机器是由谁、在何时发明的呢？要想弄清楚这个问题，我们必须追溯咖啡的历史起源，为了找到赠予人类如今所熟知的咖啡的机器，我们必须从咖啡的植物及其果实开始，然后再转向近代，也就是第一次工业革命之后的时期。

咖啡作为一种饮品消费始于中世纪，大约在公元 1000 年前后，很可能是在非洲和中东[①]之间的某个地区，那里有咖啡

---

① 中东通常指地中海东部和印度洋之间的广大地区，包括亚洲西南部和非洲北部的一部分。

植物自然生长。有人认为埃塞俄比亚的咖法城是其中心。这个城市一直流传着一个传说：当地的一些牧羊人偶然发现了咖啡的提神作用，因为他们观察到山羊贪婪地咀嚼这些植物的叶子和浆果之后变得兴奋不已。也有人提到阿里·本·奥马尔，他被国王赶出了摩卡城后，凯旋时带来了一种能让所有人陶醉并获得活力的黑色饮料——咖啡。

除了这些迷人的趣闻，要真正弄清楚这种饮料是在哪里发现是非常困难的，因此，在这里我们也不要抱有任何的幻想。但我们可以参考意大利历史上第一本食谱《烹饪科学与烹饪艺术》，它由佩莱格里诺·阿图西于1891年撰写。在这本书中，作者认为世界上最好的咖啡是也门摩卡港的咖啡。这个地方非常靠近埃塞俄比亚，极有可能是咖啡传统最为久远的地方。

如果咖啡的名字派生自咖法城（Caffa），那么我们所熟悉的咖啡技术的名字就源自摩卡港（Mokha），正如我们所知道并看到的那样，“摩卡”代表了咖啡准备过程中的最出名的技术之一。

对我们来说，准确识别出这种著名饮料的发源地并不重要。我们所确切知道的是，在中世纪末期和文艺复兴开始之际，咖啡消费已经到达了旧世界的大门，首先是敲响了大马士革的大门，然后是伊斯坦布尔。

1585 年，在威尼斯共和国参议院上，外交家吉安·弗朗西斯科·莫罗西尼这样描述了土耳其人喝咖啡的习俗：“一种被称为卡维（cavè）的种子煮出来的热黑水，它有使人保持清醒的功效。”咖啡以缓慢但势不可挡的势头通过文化融合、旅行和贸易的途径，在 17 世纪由中东传入欧洲，途经威尼斯、的里雅斯特、利沃诺、维也纳、阿姆斯特丹、伦敦和马赛等重要城市。除了咖啡的进口，烘焙和零售业也迅速在整个欧洲的各大城市中兴起。

但咖啡的传播远远超出了欧洲边界。事实上，从 18 世纪末开始，咖啡种植园就沿着整个热带兴起：荷兰人把它带到了东方，而西班牙人和葡萄牙人则开始在南美洲种植它。于是，一种原产于阿拉伯半岛的植物走向了全球。

咖啡与资产阶级的崛起

在 18 和 19 世纪，咖啡的传播与资产阶级的崛起、启蒙运动的盛行，尤其是一种新的理念诞生，即文化和知识辩论并存。这种理念让一些问题从贵族之间的私人讨论转变为在开放的场所里进行的公开讨论。

因此，“文学咖啡馆”取代了“文学沙龙”，成为解放和民主自由的象征。咖啡的例子很好地说明了技术物品如何凝聚新的行为方式，或者用菲利普·斯塔克的话来说，新的对话形式在成为一种文化习惯后进而引发社会革命。

确实如此，围绕着咖啡这一主题，随着制备技术和饮用形式的演变，几个世纪以来，发生了一场真正的文化革命，彻底改变了我们对社会结构的思考方式。社会结构也越来越少的基于家族背景，而是更多的基于创业和活力。

当谈到最早的文学咖啡馆时，一些历史学家提到了威尼斯或利沃诺，但许多资料表明，最古老的咖啡馆之一是由西西里人弗朗切斯科·普罗科皮奥·德·科尔特利在巴黎开设的，他将其命名为“Procope”。许多重要人物，如让-雅克·卢梭、丹尼斯·狄德罗和后来的奥诺雷·德·巴尔扎克以及奥诗华·威尔德都曾光顾过这里，他们为这个地方增添了些许神秘色彩。

在意大利，米兰的德梅特里奥咖啡馆是最早的文学咖啡馆之一，于 18 世纪中叶成为重要的政治和社会辩论场所。启蒙运动与咖啡之间的联系非常紧密，以至于在 1764 年，米兰的皮埃特罗、亚历山德罗·韦里兄弟与哲学家切萨雷·贝卡里亚，受到德梅特里奥咖啡馆的启发，决定将第一份意大利启蒙主义风格的期刊命名为《咖啡》。以下是该期刊发布时的社论摘录：

我听到的所有对话都值得被记录下来，因为我已经整理好了各种对话资料，所以我将它们出版，并将该期刊命名为《咖啡》，因为它们确实是在一家咖啡馆里诞生的。

通过这个简短的历史回顾，希望你能理解咖啡对欧洲来说不仅仅是一种新饮料，更是成了一种真正的文化革命的象征，而文化革命正是我们社会民主化的催化剂。咖啡是一种兴奋剂，象征着能量和速度，与当时正在逐渐传播于整个欧洲的工业革命相契合。

我们需要思考：在文学咖啡馆这些公共场所里，咖啡是如何制备和饮用的呢？为了找到答案，我们需要再次回到过去。

在咖啡历史的初期，制备咖啡非常简单，甚至没有经烘焙，只是简单地煮沸并用水冲泡。通常这种黑色饮料是由研磨的咖啡豆在沸水中冲泡而成的。

在咖啡传入欧洲之前的很长一段时间，当时中东使用的第一批咖啡壶有着像埃布里克、切沙、达拉这样的异国情调的名字，它们是一些用来煮沸水的小壶。

直到后来，咖啡豆才开始被烘焙；到了 18 和 19 世纪之间，咖啡烘焙厂在整个欧洲兴起，咖啡豆被烘焙并研磨成颗粒，最后混合在一起，并开始用专门的方法进行滤泡或过滤，尽管当时使用的工具十分原始。

仍然是在 18 世纪，著名的文人咖啡馆使用这些简单的技术制作黑咖啡，使用大型锅炉让水在合适的火焰下保持高温。这款饮料用渗滤或浸泡的方法根据订单即时制作而成，整个过程只需要几分钟。

这些机器在欧洲的第一批家用版本传播于 18 世纪末至 19 世纪初。其中最著名的一种咖啡机是法国锡匠让 - 路易斯 · 莫里兹的创意，他于 1814 年在巴黎发明了一种如今被称为“那不勒斯”的咖啡机，后来在那不勒斯文化中被广泛改进并愈发有名。在意大利南部，这种咖啡机至今仍然被当地人自豪地使用，它由三个竖直堆叠的部分组成：底部是一个装有水的储水箱，可与火焰接触；中间是一个含有咖啡粉的过滤器；顶上的部分是这个机器的第二个容器，用于在整个过程结束后收集过滤的咖啡。

它的工作原理非常简单，一旦水煮沸，咖啡机就会快速旋转，水会借助重力流到第二个容器中。当水通过充满咖啡粉的滤网时，在渗滤过程中会变色和增味，最终成为我们所熟知的咖啡。

除了那不勒斯式咖啡机，19 世纪还出现很多种用于在家里制作这种饮料的咖啡机。每个地区都生产了不同的咖啡机，它们非常相似，但又各具地方特色和文化。因此，我们可以找到土耳其风格、法国风格、德国风格，还有米兰式、托斯卡纳式、那不勒斯式等类别的咖啡机。观察 18 和 19 世纪的咖啡机，我们甚至可以撰写一本关于理解不同地理区域文化方法的人类学和社会学专著。

分析咖啡机的发展，我们可以进行一种大胆的尝试，就像我在第一章中描述的那样：以自然学家查尔斯·达尔文的视角来看待人工物品和工艺品，即将机器视作具有交配、复制、杂交、适应、变化、生存或灭绝的有机体……用这种视角来观察，你会惊讶于受文化影响而在咖啡机上产生的众多变化——数百种甚至可能是上千种非常相似但各不相同的技术变体。

锅炉在上，过滤器在下；过滤器在侧面，阀门在左边；曲线喷嘴或直线喷嘴；真空系统或压力系统；锡、铝、陶瓷和玻璃。在它们身上出现的这些小型突变、适应和杂交的过程与在哺乳动物、鸟类、鱼类或昆虫家族中观察到的过程非常相似。自然界称之为“生物多样性”，在这里，我提议使用“技术多样性”这个词来描述这一现象。

为了准备这本书，我参观了一些咖啡机博物馆，看着那些五颜六色又井然有序的咖啡机，我很难将它们与自然历史博物馆里陈列的甲虫收藏展品区分开来。通过咖啡机的历史，我们真的可以试着超越文化与自然过程之间已经模糊的界限。

事实确实如此：技术，就像生物一样，存在一些条件，使得设备、工具和机器找到繁衍和快速发展的有利环境并扩散开来，然而在其他环境下它们却奋力挣扎甚至消失，从人类文化遗产中消失。这个观点适用于每一项技术，但当观察到这种类似过程发生在简单而常见的咖啡机的历史和演变中时，或许更有趣并具有教育意义。如果我还年轻，我会写一篇关于这个主题的论文，就像查尔斯·达尔文一样，我将踏上寻找咖啡机之间联系的迷人之旅。但现在是时候进入咖啡机的社会和文化历史了。

在进入下一个阶段之前，值得注意的是，与公共场所使用的咖啡机的情况一样，在 18 和 19 世纪的大部分时间里，在私人场所里所使用的咖啡机仍然是一种简单的机器，其变化主要涉及工艺方法而非技术。那个时候科学还不够发达，几乎全凭实践经验对咖啡机进行改造。

咖啡遇上蒸汽

19 世纪初，作为“黑饮料”，咖啡在欧洲代表着一项巨大的生意。数百家进口商、烘焙厂和成千上万的咖啡店点缀着整个欧洲的城市街道和广场。但正如我们已经看到的那样，由于咖啡仍然是通过过滤或浸泡获得的，因此制作咖啡还是一个非常缓慢的过程，顾客常常不得不等待很长时间才能品尝到他们的饮品。

这种缓慢可能在 18 或 19 世纪初是被接受和受欢迎的。但是在工业革命年代，生活方式正在发生彻底的变化，速度正在成为许多人尤其是城市居民生活中的一个前提条件。在 20 世纪 30 年代，火车抵达了许多欧洲城市；在 40 年代，电报出现了。这些技术设备使人们对时间有了完全不同的感知方式。

咖啡的兴奋作用与那场革命完美契合，但它需要改变速度，需要变得像火车或电报一样迅速，特别是浓缩咖啡。因此，在看到了商机之后，半个欧洲的发明家开始探索利用蒸汽来提高咖啡质量的同时缩短制作时间。

咖啡机领域的创新历史通常也就是有远见的手工艺人的

历史，他们是真正的局外人，并且大多是自学成才的人，他们将技术作为摆脱经济和社会困境的杠杆。

对于很多咖啡机发明者，我们可以认同工程历史学家奥布里·F. 伯斯托尔在《机械工程史》（1965）中对第一次工业革命所提出的观点：

此事主要源自受教育程度较低的男人们所做出的努力。他们能取得成功，是因为他们像美洲最初的殖民者一样，发现了一块能够开发的富饶的原始土地。

接下来，我要向你介绍意大利第一位开拓咖啡快捷制作领域的“殖民者”——安吉洛·莫里昂多。他是一位小型企业家，从事酒水和巧克力贸易，并在都灵市拥有几家咖啡馆。作为一名专业人士，以我们刚刚简要描述的咖啡机为基础，这位萨沃依的企业家发明了一种基于蒸汽和压力技术更快制作咖啡的方法。

他的发明在专利局被记录为“用于经济和即时制作咖啡饮料的新型蒸汽设备”。蒸汽和即时性，这两个创新为咖啡的历史发展带来了深远的影响。除了在 1884 年 5 月 16 日申请专利，他还在当年的都灵国际博览会上展示了他的发明。

该展览由国家工业推广协会组织，并在瓦伦蒂诺公园举办。展览分为从美术到农村经济等不同的领域，超过 300 万人参观了这个展览。以下是当时一位记者对莫里昂多展示的发明的描述：

本次展览最值得人们关注的是由利古里咖啡店的老板莫里昂多先生在电气展览馆入口处的摊位上展出的咖啡机。这是一台非常有趣的移动式蒸汽咖啡机，每小时可以制作 300 杯咖啡（用蒸汽制作而成）。它由一个垂直的圆筒或锅炉组成，可容纳 150 升水，圆筒下面的小火将水煮沸，通过一种非常有趣的装置利用蒸汽在几分钟内一次性制作 10 杯咖啡；如果你愿意，也可以只制作 1 杯。

这是咖啡机发展到最高点的作品，几乎成了一个有思想的存在，如果对“苦涩而恶心的咖啡”表示反对的雷迪先生能够复活，看到世界对咖啡比对诗歌更加关注，对咖啡机比对诗人更加关注……

鉴于咖啡机在评论和公众领域的成功，莫里昂多还在法国申请了专利。尽管他的机器融入了很多创新点，但这位都灵企业家从未大规模生产过，他的事业仅限于其本地客户。

与莫里昂多类似，但在商业上更为成功的是米兰人路易吉·贝泽拉，他于1901年申请了一项基于蒸汽技术的咖啡制备创新工艺的专利。与他的都灵同行一样，贝泽拉在他所在城市的一次重要博览会——1906年米兰国际博览会（也称辛普朗国际博览会）上展示了他的发明，因为在那几个月里，连接意大利和瑞士的辛普朗隧道竣工了。

与都灵的事件相比，在米兰的创新事件中还有一个额外的要素，那就是贝泽拉与一位机敏的企业家德西德里奥·帕沃尼相遇。帕沃尼是杜奥莫广场上的咖啡馆和城市里最早的一些电影院的所有人。换句话说，他是一个渴望未来的人。下面是两人之间专利官方转让的正式公文：

……特此向公众宣布，工业特许权《用于制作和即时提供咖啡饮料的设备创新》于1902年6月5日初授予给米兰的路易吉·贝泽拉先生，注册号为61707，证书及其相关补充证书（注册号为62434）完全转让给米兰的德西德里奥·帕沃尼先生，转让于1902年9月1日在米兰以私下签署的方式进行，并于1903年9月19日在米兰的国有办公室进行了合法登记，注册号为5982，卷号为1297，私人文件，并于1903年10月1日15时30分提交给了米兰地方政府进行审核。

贝泽拉和帕沃尼是“咖啡界的沃兹尼亚克和乔布斯”，技术和商业愿景结合在一起并创造出价值，随后引发了一场革命。

自 1904 年起，在米兰帕里尼街的一个小车间里，帕沃尼和贝泽拉共同努力，开发了历史上第一台商用咖啡机。

一本在帕沃尼公司百年诞辰之际撰写的精美专著中描述了该机器的运作原理：

表面上，这是一个带有两个水龙头的巨大圆筒；实际上，这个大圆筒是一个蒸汽机，内部有一个铜制的锅炉，通过位于锅炉下方的煤气炉持续加热并保持锅炉的压力。该机器侧面有一个输送组件，该组件连接放置咖啡过滤器的支架。通过旋转一个旋钮，沸水和蒸汽以 1.5 个大气压的压力从过滤器中的咖啡粉通过，只需等待 1 分钟，咖啡就可以直接流入咖啡杯中，以备享用。

在 1906 年的米兰博览会上，这台机器以原始名“贝泽拉”亮相。这位米兰企业家在 1907 年推出了第一台以自己姓氏“帕沃尼”命名的咖啡机，型号为“理想”（Ideale）型。同年，《艺术文化杂志插图》发表了以下评论：

一些老店的咖啡简直让人难以忍受，这种咖啡至今仍然在很多过时的店里供应，真正的咖啡是新鲜并“有意为之”的咖啡：这种咖啡运用了先进的咖啡机技术，在市中心的咖啡馆里极受欢迎。在许多店里，所谓的浓缩咖啡是用一个放在杯子上的小过滤器，倒入沸水制作而成的。这些原始的过滤器工作非常缓慢，因此水很快就失去了热量，用这种方式制作好的咖啡不是特别的温热。为了弥补这个缺点，人们可以使用“理想”咖啡机，它能在瞬间制作好咖啡。这可以称为数学公式战胜了盲目固执的经验主义而取得的胜利，后者仍然在继续欺骗顾客，给他们端上一杯苦涩的药水而不是芳香的咖啡。

“数学公式战胜了盲目固执的经验主义而取得的胜利”这句话说得好，在 21 世纪仍然有着重要的指导意义。不仅仅局限于此，我们应该将其应用到我们的每一项工作活动中……

咖啡机与第一次工业革命中的蒸汽机器之间的联系非常紧密，因为在咖啡机的早期历史中，咖啡师被称为“机械师”，与操作蒸汽火车头的人的称呼一致。

现如今我们知道，蒸汽除了加速准备过程外，在约 90℃和 9 个大气压的条件下，通过过滤器仅需 30 秒就能从咖啡中提取出更多的精华和香气，制备出一杯更加香醇的咖啡，比起之前简单使用热水的任何咖啡机都要优质。

就是从这里——米兰开始，咖啡机的故事才正式展开，而这种咖啡机至今仍然在意大利所有酒吧中占据主导地位，并且在我们的日常生活中塑造了许多微小而至关重要的时刻。这是一个快速而个性化的仪式，因为浓缩咖啡不仅让人想起高速列车，而且还是“为你私人订制”。

咖啡机的工业和商业历史非常丰富，主要由像维多利亚·阿尔杜伊诺、加奇亚、法埃马和其他许多传奇企业家、品牌在意大利创造，他们将咖啡转变成了一个意大利制造的产品，尽管我们国家与原始咖啡树没有直接的联系，而这正是技术的力量。

现在，让我们将视线从酒吧转移到家里，因为在同样的背景下，同样来自意大利，同样在20世纪初，一项新的技术革命诞生了，这将永远改变咖啡世界。

摩卡壶

在意大利，咖啡没有止步于酒吧。因为一个小而精妙的设备，咖啡成为家庭聚会和生活的象征。有些人称之为“摩卡壶”。

我只需要给出两个数据，你就能了解我们现在讨论的设备是多么的重要！第一个是：据估计，全世界在50多年的时间里已经生产并销售了2亿~3亿个摩卡壶！这是一个成功的商业案例，并且不仅如此。我要给出的第二个数据是：这种咖啡壶近年来被纽约现代艺术博物馆收藏并展出，简单来说，该博物馆仅展示具有高文化价值的工艺品。

因此你应该明白：这个机器，或者说这个小玩意儿，虽然它表面上如此小巧、简单而又粗糙，但是它的内部似乎隐藏着一个巨大的秘密，能够使它从铝和塑料转化为一件令人崇拜的物品。

正如我们之前提到的，在19和20世纪初，出现了几十甚至上百种咖啡壶，一些用于公共场所，一些用于家庭和个人消费。这个在当时引领了时尚潮流的摩卡壶是1933年由冶金领域的专家阿方索·比亚莱蒂发明制作而成。

1888年出生的比亚莱蒂在17岁时移民法国，在一家铝厂学习铸造工艺。1918年他返回故乡，先是被菲亚特公司录取，然后创办了自己的小公司，最后在从事冶金行业的兄弟手下工作。1929年，他回到了他的家乡——位于奥尔塔湖附近的克鲁西纳洛，创立了一家专门从事铝加工的公司——阿方索·比亚莱蒂有限公司－模具铸造厂。

这家公司经历了起起伏伏，但就在20世纪30年代初，当这位企业家已经年过 40 岁时，一件事改变了他的一生，让他的名字被载入历史。

根据他的子女讲述和许多传记记载，比亚莱蒂在无意中观察到妻子洗衣服时，迸发了创造咖啡壶的关键灵感。在那个时代，人们洗衣服使用一种叫作“lisciveuse”的机器，它是洗衣机的前身，外形是一个大木桶，中间有一个出气管，碱液（肥皂和草木灰）因底部的火加热而被推向上面，从管孔流出。

在观察到这个现象后，比亚莱蒂心想：为什么不把这种方法用于制作咖啡呢？说干就干，凭借在冶金方面的经验，他设计了一种完全由铝制成的摩卡壶原型，与今天的摩卡壶相比，只缺少了天然橡胶密封圈和木柄。

早期的咖啡壶以及现在的摩卡壶与最初的洗衣机构造非常相似，尤其是在顶部，也就是咖啡流出的地方。

这种将在特定领域产生的直觉应用到其他领域并获得益处的理念方式被称为“溢出效应”。虽然这种现象似乎是偶然的，但在创新历史中却非常常见。正如化学家路易斯·巴斯德所说的那样，其实这从来都不是偶然发生，它的发生主要是因为创作者时刻做好了准备。

比亚莱蒂就是一个准备充分的人，而且他处在一个完美的背景下。十几年来，他一直在金属领域工作，而且他生活的地区位于米兰和都灵之间，这两个城市是咖啡世界中两个最重要的创新之地。此外，相比其他国家，意大利的咖啡消费量更高，而且他和兄弟们多年来一直从事金属咖啡壶和家用品的商业化。

也许咖啡壶甚至出现在比亚莱蒂夜晚做的梦里，那个粗糙的洗衣机只不过是引发大火的一个小小的火花……

他的咖啡壶相比市面上其他家用咖啡壶更具创新性，因为它利用蒸汽压力加快了咖啡的冲泡速度，提取了更多的精华和香味。对铝材的选择也是至关重要的，因为铝比钢多孔，能够保留更多可以丰富咖啡口味的物质。

正如我们在他的传记中看到的那样，铝一直是比亚莱蒂的热情所在。在法西斯主义独裁统治的时代，这种轻金属得到了强力推广，以至于贝尼托①最知名的弟弟阿尔纳多·墨索里尼也曾自豪地宣称："如果我们没有铁，我们还有铝可以使用。"

对比亚莱蒂来说，铝和咖啡是他最大的两个兴趣爱好。正如哈佛大学教授杰弗里·斯纳普对比亚莱蒂作品的评价：在他的摩卡壶里融合了"咖啡和铝的浪漫主义"。

① 全名贝尼托·墨索里尼（1883—1945），意大利法西斯独裁者，国家法西斯党党魁，第二次世界大战主要战犯。

这些最初的咖啡壶比我们今天家里有的要原始得多：没有锅盖上的铰链；上面和侧面的手柄不是由绝缘橡胶材料制成，而是用木头制成；锅炉里没有阀门，而且当时的冶金技术使它们看起来更粗糙，没有那么精致。

目前尚不清楚这款咖啡壶在商业上是否一开始就取得了巨大的成功。一些资料显示，从 1933 年到第二次世界大战开始期间，该咖啡壶每年生产 1 万个，总共生产了 7 万个。但一些收藏家和历史学家对这些数字表示怀疑，因为在市场上几乎找不到那些 20 世纪 30 年代生产的咖啡壶的踪迹，它们都去哪儿了？所以可能实际数量要比资料显示的少得多。但几乎可以确定，克鲁西纳洛工作室每年生产了大约 1 000 个咖啡壶，几乎相当于手工生产的产品数量。

最后，根据家人的描述，比亚莱蒂是一位“为了荣誉而不是利益工作”的艺术家，他最大的满足感就是晚上嘴里叼着雪茄，手里握着铸件厂生产出来的最难的零件之一入睡。

正如我们已经提到的都灵的莫里昂多和米兰的贝泽拉一样，如果铸造技师比亚莱蒂没有遇到了一个能够让他的想法实现商业化的企业家，那么他的咖啡壶也会消失在历史的迷雾中。幸运的是，那位企业家是他的家族成员，与他有着同样的咖啡与铝的血脉。

阿方索·比亚莱蒂的儿子雷纳托·比亚莱蒂在 1946 年从德国集中营返回后，年仅 23 岁就接手了家族企业，并以一种建立在传播、市场营销和广告基础上的全新的商业视野为家族企业产品的销量增长带来了令人难以置信的加速度。他父亲 15 年前发明的产品具有相当高的价值，设计非常吸引人，全身由铝制成，底座为八边形，所有这些特点使它从市场上的众多产品中脱颖而出。但这远远不够，要想打开市场，它还需要一个令人难忘的名字、一个吸引人的标语和一个能抓住大众眼球的商标。

因此，正是雷纳托·比亚莱蒂为这款咖啡壶起了一个朗朗上口的名字"摩卡"（moka），以纪念咖啡原产地的也门城市。他还在所有的咖啡壶上印了一个可爱的带着胡子并举起手指的卡通人物，这个形象几十年来深入人心——它是由保罗·坎帕尼根据雷纳托·比亚莱蒂的形象绘制而成。最后，他又给他的产品名称增加了形容词"极速的"（Express），因此这款咖啡壶最终被命名为"Moka Express"，这个名字同时也是向酒吧里的浓缩咖啡致敬。

当然，雷纳托·比亚莱蒂并没有止步于营销和传播，他还引进了最先进的生产流程，他的工厂每天能生产 18 000 个咖啡壶，比他父亲一生生产的数量还要多。基于这些举措，加上20世纪60年代经济大爆炸的背景，以及电视的普及、广告轮播的到来，比亚莱蒂品牌和摩卡壶迅速在意大利，然后在全球成了咖啡的代名词。

在本章结束之前，我将展示一篇几年前为了庆祝这个非凡发明而写的帖子，我相信它概括了到目前为止所说的一切：

很少有物体能像摩卡壶一样触动我们所有的感官——准备时的触觉；等待时的听觉；冷却时的嗅觉；以及饮用时的味觉；当然还有视觉：这款咖啡壶，你会忍不住一直看着它，它给人带来一种平静感，因为它从八个不同的角度观察都是对称的。这个由几块铝构成的物体神奇地融合了热力学和人类学、工程学和激情。阿方索·比亚莱蒂应该是像卡尔维诺、但丁或达·芬奇一样被歌颂的伟大人物。他在1933年设计出了这个完美之物。

现在，在开始写下一章之前，我要去喝杯咖啡。你呢？

第五章

谷歌搜索栏

“本质的东西，双眼是无法看到的。”当我打开谷歌（Google）网站，着手开始这一章的创作时，竟不假思索地念叨出了《小王子》中这句广为流传的名言。实际上，作为一名使用谷歌二十余年的老客户，生平第一次带着“观察”而非搜索的目的打开这个引擎。尽管已经使用过谷歌上万次，但我从未以“审视者”的角度观察过这个搜索引擎，一直以来，我也无法评价或是描述谷歌的相关细节。

仔细想想，“本质的东西，双眼是无法看到的”这句话可以有两种解释。第一种是传统释义：重要的、不可或缺的东西是无法用眼睛看到的；第二种：真正重要的东西是去繁就简的、透明的、无形的……不经意间就触手可及的东西。

谷歌设计中最重要的部分在这两方面都得到了体现，实际上，谷歌已经成为我们生活中不可或缺的一部分，但同时谷歌的页面设计看上去又极其简单，几乎没什么存在感。我相信，正如我所感受到的，只有一条斜线的谷歌页面带给你的感官体验也像是个被忽略的“小透明”。

我这么说是因为我问过的大多数朋友都无法告诉我，谷歌引擎栏下方有多少个按钮，按钮的用途及引擎栏上方的文字是什么。而他们和我和你一样，毫无例外都已浏览过这个广为人知的网站成百上千次。

当然，我现在不想描述谷歌的页面细节。你可以自己完成这项活动，只需打开浏览器页面，停留几秒来探索它所有的基础功能。本章着眼于这个存在于十亿用户电子设备中的搜索引擎，旨在向你揭示一个鲜为人知的重要信息，即这个全世界最著名的搜索引擎是如何工作的。因为不论是从人类历史角度，还是从对文化的探究和重建层面而言，这个软件都十足重要。

拉里和谢尔盖

那是 1995 年的夏天，当时 22 岁的谢尔盖 · 布林在斯坦福大学攻读计算机科学博士学位已有两年了，当时院系秘书处通知他带一位来自密歇根大学的新生熟悉校园生活。这名新生名叫拉里 · 佩奇，同样出生于 1973 年，当时在斯坦福大学从事计算机科学研究。由此，两人的友谊便开始了；再后来，他们共同创业，建立了稳固的合作伙伴关系，至此史上最大的 IT 公司之一——谷歌诞生了。

尽管在每件事上几乎都有分歧，但这两个年轻人发现他们有很多共同点：都曾在蒙特梭利学习过，父母也都受过严格的科学教育。这对他们的童年和青少年时期产生了积极影响，两人都天赋异禀，并对数学情有独钟，随之对科学、新兴计算机技术产生了巨大兴趣。举几个例子：20 世纪 80 年代初，佩奇是学校里第一个用电子程序完成家庭作业的孩子，此外，尽管小学才从俄罗斯转来，但 19 岁时他就已经从马里兰大学的计算机科学专业毕业了。总之，这是两位十足的天才。

1995 年，佩奇在开启他的斯坦福求学之路后，便开始研究万维网（WWW）的数学特性。万维网研发于 1991 年，1993 年 6 月才向公众开放，开发时间仅仅不到两年。在技术方面，这位年轻的计算机科学家尤其关注链接部分，即由网络创始人、欧洲核子研究组织物理学家蒂莫西·伯纳·李爵士发明的最为重要的工具——HTML 语言（超文本标记语言）。在 HTML 语言的功劳下，这些链接实现了各页面间以超文本方式相互连接。

佩奇进行的是一项有抱负的研究。该研究基于先前的数学家和计算机科学家们所称的“图论”。图论是概括了各类情况和过程，同时能进行逻辑、分析和定量运算的抽象主体。结果同许多纯粹的理论和学术研究一样，在最初的几个月中，这位年轻计算机科学家的研究似乎并未呈现出任何实际效用。

然而，佩奇早已清楚万维网是有史以来创建的最大图表，在他看来，运用相关数学知识来研究和分析它会很有趣。不过据推测，他也曾不止一次想要放弃这家企业。然而，对他而言幸运的是，尽管这项研究看上去充满困难、未知和曲折，但他的导师——计算机科学的先驱特里·维诺格拉德教授始终鼓励他坚持这项研究。

在2008年的一次公开演讲中，佩奇承认这是他一生中收到的最重要的建议。维诺格拉德教授是对的：佩奇当时探究的主题非常有趣。也正因如此，佩奇将网站视为一个与数学产生巨大联系的纽带。他意识到，虽然在页面上创建和追踪链接很简单，但反向操作却绝非易事。也就是说，通过观察单一网页不可能发现哪些和多少网页与其有所关联；在一个网页上，也无法知道一个网页有多少反向链接。

这位年轻的计算机科学家意识到，对数据滚瓜烂熟将是一笔宝贵经验，正如在学术领域，了解某篇文章被多少位科学家或哪些科学家所引用非常重要，这能够确定研究对象在所研究领域的重要性。

正如《连线》杂志的记者兼联合创始人约翰·林伍德·巴特尔所写，在1995年的那几个月里，佩奇明白了这一点：

不知不觉中，几乎所有的网页都由这些引用数据堆积而起。毕竟，如果没有引用，链接又从何而生？如果能够设想出一种计算和限定网页反向链接的方式，那么网络世界将会成为一个更具价值之地。

1996 年初，这位年轻的研究员就已经创建起第一个能够量化网页链接到给定页面的反向链接的算法框架。佩奇将这个软件称为“BackRub”，即使当时还不清楚其用途，至少从理论上来看，它颇为奏效。

正在此时，谢尔盖·布林加入了他朋友的工作中。最终，布林和佩奇共同开发出了这款软件，而更为重要的是，他们研发出了一款意义非凡的程序，这两位极客本想将其命名为“googol”，该单词的意思是 10 的一百次方，或者数字“1”后面跟 100 个“0”。然而，由于拼写错误，最终注册成了“Google”这个名字，虽然拼写不同，但实际听上去和“googol”一模一样。1996 年 8 月，谷歌的第一个版本在斯坦福大学网站上发布。而在第二年，两位合伙人以“google.com”的名义注册了自己的独立域名。1997 年 9 月 15 日这天，便成为著名搜索引擎的诞生日。

1998 年底，两人发表了一篇题为《大规模超文本网络搜索引擎剖析》的论文，该文档是谷歌官方诞生的佐证。在开篇摘要中，人们可以读到：

在本文中，我们介绍了一个大规模搜索引擎的原型，即谷歌，它大规模使用了超文本中存在的结构。设计意图在于高效捕获网络信息，为其建立索引，产出比现有系统更令人满意的搜索结果。拥有完整数据库和至少 2400 万页超链接的原型可在 http://google.stanford.edu/. 上找到。

无限订购

搜索引擎？没错，这个引擎是佩奇和布林开发的革命性科学应用程序，其核心理念是使用反向链接作为一种“助推器”来提升网页的搜索排名。我们将在下文中详细探讨反向链接如何起作用，现在，让我们先了解搜索引擎的基本功能。

就像你大概了解到的，搜索引擎的作用是根据特定的层次结构对数据库的内容进行排列。一本书的检索目录，抑或是图书馆目录册便是很好的两个例证。如果没有索引，就很难在书中找到特定的主题、名称或术语。如果没有目录和准确的关键词，在图书馆找到特定的相关书籍也就变得更加困难。当然，以上情况一般出现在我们所说的至少有几百页的图书，或是存放着数万册书的图书馆中。但针对以上情况，我用到的也是“困难”这个词而非“不可能”。实际上，如果稍微耐心一些，就算没有其他可用工具，在一本书或一座图书馆里也可能找到你正在找的东西。但如果是一个如宇宙般庞大、拥有数十亿页面的网络搜索引擎该如何呢？在这种情况下，操作就不能用困难描述了，简直无法实现。为此，自网络诞生以来，搜索引擎也随着网站数量的增加应运而生。

抛开规模性，与书籍和图书馆有所不同，网络存在一个更大的危机。鉴于网络管理的限制性，出版商对其出版物版权的保护力微乎其微，在网络上，任何人都可以下载这些出版物。因此，关键问题在于，不仅要找到与正在搜索的内容相匹配的页面，还要在这些如海洋般浩瀚的搜索内容中找出较高质量的页面。实际上，在网页创始初期，鉴于网站数量的稀缺，冲浪者还很难意识到版权的重要性，但众所周知的是，随着时间的推移，版权这一话题将会变得极其重要。实际上，当佩奇和布林开始将他们的想法付诸行动时，20 世纪 90 年代中期，整个网络仅开发出了几千个页面，不过当时网页量一直呈指数级增长：1994 年只创建了 2 738 个网页，

1995 年增加到 23 000 个，1996 年 257 000 个……在这种发展趋势下，到 2020 年前后，网站数量已接近 20 亿个。

如果我们在研究过程中没有高质量相关联的检索和分级系统，那么在寻找所需信息时，我们将被迫访问所有我们兴趣涉及主题的相关页面。再次重申，这并非是一项艰难而不可完成的任务。而今，仅输入我的名字“Massimo Temporelli”进行搜索，你们就能在网络上找到约 7 万个结果，而与“Napoleone Bonaparte”（拿破仑·波拿巴[①]）相关的搜索结果已远超 150 万个。如何确定哪一页是所需的浏览信息呢？对此佩奇和布林发明了一个神奇的程序，即我们所查找的内容会出现在整个搜索列表的最前端。

我之所以选择讲述他们的故事，并解释他们伟大的发明是如何运转的，并不是因为这项发明完美的算法技巧，而是因为这项发明意味着文化观念的革新。在 21 世纪，这种革新正慢慢渗入诸多领域。

但现在我们还不急着探究这项程序。让我们回到 20 世纪 90 年代初，先来了解第一个网络搜索引擎究竟是如何工作的。在谷歌出现之前，市场上就已有阿尔塔维斯塔（Altavista）、

① 拿破仑·波拿巴（1769—1821），法兰西第一帝国和百日王朝皇帝，政治家和军事家。

雅虎（Yahoo！）、来科思（Lycos）、易克斯特（Excite）等许多其他工具。或许有些人还对它们有些印象。这些门户网站可以用来浏览新闻，还给用户提供天气预报、电子邮件服务，以及网页浏览、搜索功能。这种技术手段对每个人来说，或多或少都不陌生。从广义上讲，这类技术可以概括如下：从网页上收集数据并储存在自己的服务器上，接着用简单的算法统计每个页面中单词的出现次数。

在这种模式下，当一名用户搜索单词“tomato”（蕃茄）时，程序会锁定该单词出现频率最高的页面作为第一个结果显示。很简单，不是吗？然而遗憾的是，正如人们推测的那样，这种搜索结果的可靠性和质量度无法得到保障，毕竟数量多不代表质量高。当时最大的 IT 巨头却始终深感自豪，坚持使用这种程序。他们的搜索引擎面向公众开发，在响应速度方面极具价值。比如，硬件巨头康柏（COM PAQ）旗下的 Altavista 在母公司芯片的加持下，仅在几秒内就生成了结果列，震惊世界的同时，也抬高了这些硬件的价值。

总而言之，答案的质量并不重要，重要的是尽快找到答案。鉴于 Altavista 是以创造网站流量的形式实现广告投放，因此会吸引更多的用户搜索他们最想要的结果。但这种搜索引擎的索引功能和层级结构的可靠度还有所欠缺，页面点击数的剧增会导致网页数量大幅增长，同时网上也不断出现了许多投机取巧的泡沫广告，这触发了页面点击量间的一场竞赛。这种趋势也导致许多网站管理者不得不插入一行又一行的隐藏文本及相关的关键词，以提高其网站在搜索引擎中的排名，从而严重污染了搜索结果。

谷歌的革命

起初，佩奇和布林从未想过要创办一个公司。正如我们所了解的，两人都出生于高校研究人员和学者家庭，也是出于这个原因，他们并不迷恋拿自创的算法做笔生意，而是试着以 100 万美元的价格将成果出售给活跃在搜索引擎领域的不同玩家。然而，在 1996—1997 年，人们对于此类事物的兴趣还极低，尽管每家受询公司对此项目都展现出了兴趣，但也都拒绝了这个机会。

或许是出于这个原因，又或许是逐渐意识到自己坐拥的是一座金矿，两位年轻的研究人员走上了企业家的道路。如此一来，1997 年 9 月，谷歌推出了其测试版，它不再是那个挂在斯坦福大学上的众多网站之一，而是成为一个独立的门户网站。但我发现该算法的知识产权仍归两位学者的母校，也就是该算法的诞生地所有，同时谷歌享有该算法的独家使用权。

深入研究谷歌的历史，一个有趣的发现是该公司的第一天服务器并非安置在普通的金属或塑料外壳中，而是放在了用乐高积木搭成的框架中——这种选择与布林 - 佩奇二人组绝不墨守成规的精神相得益彰。这种精神在这家美国跨国公司中流传至今。另一个与初期谷歌相关的有趣的事实是，1996 年佩奇在斯坦福大学网站上发布的数据仅有 200 吉字节（GB），这个数据量相当于我们现在一部智能手机的内存容量。

现在我们终于可以来分析这个问题了，过去直至今天，究竟是什么让这个搜索引擎独具创新性和革命性。你应该还记得，佩奇在攻读博士学位之初便开始研究反向链接，即指向网页但访问者无法直接看到的链接。而正是它造就谷歌成为功能性的王者，并在搜索结果的可靠度上实现了令人惊叹的卓越成就。

这也正是为何当我开始写这一章时，脑海中不由自主地浮现出那句话“本质的东西，双眼是无法看到的。”在许多阶段，谷歌的做法与其他搜索引擎完全相同，都是将互联网上的完整网页数据下载并储存到自己的服务器上，然后再计算每个页面中单词的出现频率。最终区别在于，谷歌引擎加入了一个重要元素，那就是反向链接计数。正是因为这种组合，它成功击败了其他竞争对手，稳居各大引擎排行榜之首。实际上，从给定关键词出现的相同频次角度而言，对谷歌来说，一个具备更多反向链接的页面要比其他页面更有价值，这也是其他搜索引擎没有考虑到的功能，但它已然成为并仍将是新算法的基本要素。

正如佩奇在网络数学研究之初就已经猜测到的，后来也被学术界所证实的那样，网页中出版物的关联度取决于其累积的引用量；同样，网页的关联度和声誉也与反向链接有关。正如所有简单明了的天才想法一样，你被提及的次数越多，你的知名度就越高，相应地你的地位就越高。此外，区别于市场上的其他算法，随着网站发布数的与日俱增，佩奇和布林发明的系统呈指数级优化。实际上，当有数百万甚至数十亿个页面相互链接时，网站的声誉度也成为一个重要的数据指标，搜索结果的质量和精确度也会大大提升。

多亏了这种方法，谷歌很快就取得了成功，来自世界各地的网络用户开始注意到它相对于其他搜索引擎的优越性。口口相传之下，谷歌早在 1999 年 9 月就从其网站上删除了“测试版”字样，尤其是在实现日均 350 万的查询量后，也给著名 IT 巨头旗下的搜索引擎，如微软（MSN）和康柏（Altavista）带来了危机。佩奇和布林将他们的方法称为

“PageRank”（排名运算法则），因为它有效地对网页进行了排名，引人注目的是命名中还加入了其中一位创始者的姓氏。

抛开两位学者作为极客的乐趣和工匠精神，让我们来试着理解一下，在技术工具（在本案例中是软件）作为普遍科技革命重要驱动力的情况下，为什么谷歌更代表一场深刻的文化革命呢？正如你所想象的那样，将所有涉及人类的主题按重要性划分，这不仅仅是一个技术问题，更是与人文、人类学和社会科学密切相关的问题。

佩奇和布林的想法的初衷是，借助反向链接，在每次用户搜索后，让搜索引擎自主决定将哪些内容发送到搜索排名的顶部。最终的页面排列是大量数据统计和多元化用户相互作用的结果，并不是基于出版商、评审团或专家委员会，只是在不知不觉中通过积极用户间的相互链接产生的一个页面。正是数学的这种复杂性，给软件设计添砖加瓦。佩奇和布林想出的是一种新的、动态的、包容的文化模式，也是一个极具质量的概念，而这个概念在历史上首次出现还要归功于 20 世纪 90 年代中期随着网络发展应运而生的动态网络。实际上，早在佩奇和布林之前，其他研究人员和计算机科学家就已经在有意识地推荐用反向链接实现网络内容分类的方法，但谷歌的创始人是第一也是最快实施这一天才战略的人，因此也就成为搜索引擎行业的领导者和亿万富翁企业家。

有趣的是，我们可以将这种全新的模式称为自下而上模式，一些非专业领域的用户可以通过这种相互链接创造价值，这已然超越了在网络上搜索问题本身的意义。一项近期与文化创新相关的快讯展示了自20世纪90年代末至新世纪初，这种新模式是如何在更多认知领域和商业领域代替旧的自上而下模式——一种强有力的、金字塔式和等级化的领导模式，在这种模式下，会由一组专家评判、分类或定义什么是以及什么不是有质量有价值的东西。过去几个世纪的许多社会结构，从公司到出版业，都是在这种金字塔逻辑的基础上形成的。到了21世纪，这种模式不再是唯一的选择。

想想林纳斯·托瓦兹于1991年研发出的LINUX计划——该计划集合了来自世界各地的程序员，旨在开发出一个真正有价值的操作系统，同时也是苹果和微软的备选系统。再想想维基百科（Wikipedia）——2001年1月15日，基于开放性编辑思维，吉米·威尔士和拉里·桑格推出了免费百科全书[沃德·坎宁厄姆于1995年发明百科全书和“维基”（Wiki）概念]，世界各地数以百万的合作者参与其中。还有2000年推出的旅评网站猫途鹰（Tripadvisor）——它将酒吧、餐厅和酒店的评价委托于用户而非行业专家。此外，最近推出的爱彼迎（Airbnb）（2007 年）——该网站由个人全权为旅行者的住宿负责，而这些人必然不像以前和现在的酒店经营者那样是酒店行业的专家。同时，你也可以想想共享汽车、众筹以及通过网络社区多用户间的联系创造价值的许多平台。

简而言之，谷歌所使用的以及最初使之如此流行的元素是一场真正的浩大的文化革命，而我相信，这也将是我们这个世纪的一大特征。

这个故事证实了技术可以成为伟大社会变革的载体。

白色和本质

鉴于谷歌网站的主色调和图标，我想没有比“白色昆虫”能更好地比喻谷歌这一网站了。在谷歌创始之初更是如此，并且极有可能也因此而闻名。实际上，虽然其他网站上到处都是色彩鲜艳的广告和弹出的窗口，但佩奇和布林始终保持了谷歌一尘不染且简约的页面。在公司成立的最初三年，谷歌就像所有初创公司一样缺乏流动资金，而这两位年轻的企业家甚至拒绝了维萨（visa）高达 300 万美元的横幅广告经费。当时，很多人都觉得这很疯狂，但这个选择背后牵扯的不仅仅是美学问题，实际上，正是因为没有这些无关元素，谷歌的搜索引擎比其他搜索引擎的性能更好、速度更快，达到了十分之几秒便能给出一个搜索结果的程度。

我是怎么知道这一点的呢？好，让我们回到这一章的最开始。在结束搜索之后，我花了比平时更久的时间来观察谷歌页面。我在搜索栏中输入了“Napoleone”，在搜索栏最靠前的几个搜索列表中，就有多达805万个专门介绍法国皇帝的页面，而在谷歌强大的算法下，实现这一结果只需0.75秒……并且，值得注意的是，搜索列表中显示的第一页就是维基百科的页面，这也将是我在本书最后一章专门介绍的部分。正如我们所知，这意味着整个人类社会，或者说全互联网社区若想建立一个参考页面让人们了解古代君王的生活，就会前往高开放度的百科全书这一网站。百科全书栏目已经链接了大英百科全书出版社和特雷卡尼百科全书研究院网站，以及世界上最重要的一些历史事件的相关页面，那里有关于拿破仑的完美传记。人们选择信任那些非专业贡献者的成果，这些贡献者在专业人士的带领下，以全新的方式相互指正，共建百科全书这个网站。近年来，一些与文化息息相关的深刻变革就发生在我们眼前，而技术再次成为这场变革的主角。我们不能再假设这只是一个技术问题了，它是一个有关人性尤其是负面人性的问题。

第六章

远程遥控

我的女儿们还在学校，我的伴侣此刻正在工作，家里一片安静，非常适合创作。然而，在打开电脑开始这篇有关遥控器历史的章节之前，我果断地走进客厅，没花多少工夫，将手伸进沙发垫间，发现遥控器果然像往常一样躺在那里，如果把遥控器比作一只宠物，沙发缝就是它最喜欢的巢穴。自我认识它以来，它就一直躲在那里。

如果让我按照达尔文主义的方法对科技产品进行分类，我会毫不犹豫地将它归类为一种生活在沙发缝中的人造物种，至少是一类可以操控电视的垫子。是这样的，仔细想想，我们家里确实有很多不同的遥控器。因此，就像我之前归置家里的咖啡壶一样，我试着找到家里所有的遥控器，并把它们排列在桌子上。

经过一番快速而卓有成效的搜罗，我已经累积了十几个这样的设备：录像机、音响、风扇、房子大门、车库和无人机的遥控器，以及我女儿的三个遥控游戏机。每个遥控器都独具特点：有些较小，有些较大；有些是白色的，有些是黑色的；有些有几十个按键，有些只有几个。然而，看着它们的时候，即使它们的形状和功能各异，人们都会不假思索地用同样的名字“遥控器”来称呼它们。

看着这些铺在桌子上的遥控器，我想起了查尔斯·达尔文在观察加拉帕格斯群岛的动物群后在《环游世界的博物学家》中写道的评论：

> 我从未想象过，在这片彼此相距五六十英里[①]的岛屿上，从这座岛屿便可眺望另一座岛屿，它们的地貌、气候、海拔都极为接近，而“岛民的习俗”确如此不同。

的确如此：各个文化领域都被技术设备以截然不同的方式占据。这一规律普遍适用，尤其是对遥控器。尽管保持着一定相似性，但技术设备在这一过程中被赋予了真正意想不到的变化。

从达尔文主义的角度分析遥控器也很有趣，正因如此，当开始分析这项技术的变革时，我便有种强烈的感觉，遥控器的黄金时代已过去，属于它们的强盛扩张期和文化统治时代已来到尾声，在此期间它们的产量惊人，统治了很大部分的生态系统。

几十年来，远程遥控在国内市场都占有绝对优势，随着

① 1英里≈1.609 3千米。

数字技术、社交网络和主流媒体时代的到来，多年来，远程遥控已经不再是家居文化中最频繁使用的科技产品。虽然这一历程缓慢，但值得肯定的是，远程遥控正在慢慢承受着这场深刻变革带来的压力。如果墨守成规，无法跟上时代发展，那么就像在自然界中发生的那样，它将消亡或降到应用范围更小的生态链。

简而言之，让我们再次回到自然与文化、生物与技术、基因与模因之间令人着迷的这层平行关系。我想说的是，同自然物种一样，即便是人工物种，如果不发生进化和变化，还是有灭绝的风险。正如基因能够或多或少地适应自然变化一样，模因也可能或多或少地适应文化变化。

或许这正是发生在遥控器身上的变革：遥控器的创建是为了适应内容间的线性导航，但它似乎并不适合这个多维探索工具层出不穷的数字化时代。

也许未来这个设备会消失，也许在不久的将来，我们会很难想起我们为什么在如此频繁地使用它。最重要的是，它究竟有什么魔力能够牢牢掌握家庭生活中的主导权。

也许正是由于它的暂时性和变化性，如今重探它的历史是一件正确的事。我们继续来说说遥控系统。

一位有远见的物理学家

第一位设想出远程控物系统的是尼古拉·特斯拉。实际上，1898 年，这位已移居美国几年的塞尔维亚物理学家就申请了一项远程驾驶车辆系统的专利。正是在那些年，意大利的古列尔莫·马可尼、英国的奥利弗·洛奇、俄罗斯的亚历山大·斯捷潘诺维奇·波波夫和美国人尼古拉·特斯拉等科学家都在试验首个可以使用无线电传输的通信工具，这也开创了无线电报的先河。

在特斯拉为其富有远见的发明申请专利的同年，他还在纽约的麦迪逊广场花园公开演示了此发明，即在一个大型游泳池中驾驶一艘无线电遥控模型船，他将此船称为“远程自动机”。

正如惯常发生在这位伟大的塞尔维亚发明家职业生涯中的情况一样，这个充满未来主义的想法太富远见，以至于它没有立刻被投入到实际应用中，也没有带来任何有市场价值的服务或是产品。也就是说，特斯拉是史上手握遥控器的第一人，没有人明白他当时有什么感受。差不多在一个世纪后，20 世纪 80 年代，当我在圣诞节收到第一辆无线电动遥控汽车时，我感受到了一种难以形容的情绪……

直到20世纪30年代，遥控器，确切地说是无线电接收器领域的产品才具备了实用和商用价值。实际上，生产高端收音机的公司也开始插入可以切换电台或是远程控制音量的设备，从而避免听众在座位席起身。所有这些遥控设备都是通过长达几米的电缆连接到收音机的。

1939年，美国市场的领导者飞鸽（Philco）推出了首款用于无线电接收器的无线遥控装备。这个新型设备被命名为“神秘控制器”，仅仅是为了强调其操作的神奇之处。

然而，无线电遥控仍然是一种少见的并不普及的应用。就像生物学家所推理的那样，我们可以判定的是周围环境不允许其被大规模应用。随着电视的出现，人们才更加迫切地需要一边舒服地坐在扶手椅上，一边远程控制设备。

在这个新的市场中，我们还要注意另一个同样重要的事实，那就是从20世纪50年代开始，电子公司能够应用组合新的、更复杂的模型材料了，比如晶体管和集成器件，构件越来越小巧的同时，设备也越来越轻了。你现在应该可以明白自第二次世界大战和整个20世纪以来，遥控器是为何以及如何变得越来越轻、越来越小、性能越来越强。

“杀手”级应用程序

“killer application”或“killer app”在英语中的字面意思是“‘杀手’级应用程序”。但在电子和数码领域，它也意味着“获胜的应用程序”或“决定性程序”。“‘杀手’级应用程序”使技术变得流行起来。例如，这项程序被率先应用于个人计算机的电子表格和文字处理功能中，手机短信和为游戏者设计的俄罗斯方块中也使用了这一程序。

例如，远程遥控领域的“杀手”级应用程序便是电视，在此领域，电视已经开始产量激增并变得非常流行。

不难想象电视遥控器是哪里发明的。实际上，遥控器的构思和发明是伴随电视一同出现的，它最先出现在那个需要解决起床换台这一恼人活动的国家——美国。

事实上，在大多数欧洲国家，电视是为服务国家管理体系中的公共事业应运而生的。在这种垄断背景下，多年来旧世界的广播公司只向观众提供一个电视频道。例如，在英国，电视于 1936 年问世，之后的近三十年，英国广播公司（BBC）只在一个频道上播放其节目，直到 1964 年才开设第二个国家频道。在意大利，常规电视服务从 1954 年 1 月才开始，情况与英国类似：国家垄断特许经营商意大利广播电视公司（Rai）于 1961 年 11 月才开播第二个频道（如今的 Rai Due），距意大利国际广播电视总台的诞生已有近八年时间。因此，在电视发展的早期阶段，大多数欧洲观众一旦打开电视并调整了音量，就没有理由从扶手椅上再站起来回到电视机前，除非是要关掉电视。而在美国，早在第二次世界大战之前就已有几家很活跃的国家广播公司，如著名的私营电视网络：美国全国广播公司 NBC（1939 年成立）、美国哥伦比亚广播公司 CBS（1941 年成立）、美国广播公司 ABC（1943 年成立）。因此，起身换台，尤其是在广告期间起身的习惯立刻在海外观众中蔓延开来。许多 20 世纪 40 年代末至 50 年代的美国人（即所谓的婴儿潮一代）常有这样的回忆：应家长调换频道的要求，从沙发到电视，来来回回，换来换去。第一台遥控器也正是为了方便孩子们——我们可以称之为“儿童电视控制器”。由此，电视遥控器这个想法便萌芽于 20 世纪 50 年代初的美国，这并非是巧合。

一根很长的线

与收音机一样，首批电视遥控设备采用的是有线连接，它们能够发出指令选择频道或打开 / 关闭设备。

该遥控器的第一款型号由真力时（Zenith）于 1950 年在美国市场推出，真力时是一家历史悠久的收音机和电视生产品牌，也是电视遥控器发展史上贡献最大的公司。

该新设备以“懒骨头”（Lazy Bones）命名，在其广告手册中进行了如下宣传：

> 无论身处房间的哪个角落，随心所欲的全自动化选择尽在您手中……真力时——新时代的先锋！

第一批遥控器电线的长度长达几十米，确实可以让人们从房子的任何地方控制其设备。不难想象的是，这种通过物理方式和电视连接的遥控器会给家里带来很多不便：打结、缠结、绊倒，甚至会触发碰撞，损坏物品。真力时也一直在研究如何解决这些问题，多亏了其最杰出的技术人员之一——工程师尤金·波利的努力，在有线遥控诞生五年后，电视历史上第一个无线遥控器上市了。这的确是个天才的发明，但同时也还存在一些不成熟的地方。

一把光束枪

1955 年，著名的闪光自动化装置上市了，它实际上是一种奇特的遥控器，通过强大的光束可以实现四种操作：更改频道，打开设备，关闭设备，静音。

当然，与之前的遥控器一样，该遥控设备只对特定的电视机起作用。与闪光自动化装置兼容的真力时设备在屏幕的角落处配有四个光电管，当遥控器发出的光束照射到这些光电管时，就会激活上面列出的功能。一大亮点是：如果人们点击左上角的光电管，就会进入下一个频道；点击左下角的光电管，就可以返回到上一个频道；点击右上角的光电管，可打开和关闭设备；点击右下角的光电管，可以静音。

该设备的宣传手册中大力强调了后一种功能。其中一页的中心大写标红标语：

您甚至可以将冗长无聊的广告静音，但图像仍会保留在屏幕上！

静音“烦人的广告”的诉求让我们从一开始就明白美国

私人电视网络节目中的广告多么具有进攻性。这种在我们欧洲人眼中的电视商业化并非偶然现象。

让我们回过头来再描述一下这个最初的、充满奇特的无线遥控器技术。仔细回想，该设备只不过是一个复杂的手电筒，具有透镜和反射盘系统，旨在始终保持光束的精准性。因此它本身是个很普通的物体，复杂性主要集中在电视内部。其原理为：光电管连接到特定的电子电路，将光输入转换成驱动设备的电信号。

因此，任何足够强大的光源都可能激活四个光电管，这种技术选择会产生许多问题。例如，如果设备所在的房间阳光强烈，电视可能会随机运行、打开、关闭或更改频道，而不响应用户发出的命令。这就是为什么光控遥控器很快就能够被其他技术所取代，因为这些技术能够在电视和控制设备之间实现更有效、更和谐的连接。

从光控到声控

为了克服光控遥控器的缺点，真力时的工程师们一直在努力，并于 1956 年 4 月 16 日获得了超声波设备的专利，实现了历史上第一个真正高效的遥控器。在此我只阐述一点，便足以让你明白这项技术选择有多成功，即使现在也几乎没多少人能企及它：这台设备持续畅销近30年，共计生产超过900万台。

该技术项目的负责人是奥地利物理学家罗伯特·阿德勒，他现在被正式认定为遥控器的发明者。阿德勒提出的装置工作原理是通过弹簧按钮手动操作木槌：当观众按下按钮时，木槌敲击铝棒，铝棒通过振动发出频率高于25千赫的声波，远远超出可听阈值，因此不会对电视节目的观看造成干扰。说到干扰，请允许我说一点题外话：在研究这些遥控器时，我想知道这些声音是否会使狗觉得厌烦，众所周知，狗能够感知频率高达40千赫的声波。如果是这样的话，晚上坐在主人旁边看电视对它们来说一定不会很轻松。

事实上，在第一个巧妙的超声波遥控器中有四个按键，每个按键控制一个不同的木槌，以敲击不同长度的铝棒。而面对某个特定的指令，每条铝棒都会发出不同的频率。事实上，遥控器发出的声音是由放置在电视内部的麦克风（接收器）接收的，根据接收到的频率，该麦克风会激活四种不同的功能，如更改频道、打开或关闭设备以及静音。

这种遥控器会通过任意空间传达观众的指令，这与以往光束装置不同；它的另一个优点是不需要电池供电，巧妙、简单且便宜。

然而，这种机械操作系统仅使用了五年多。事实上，早在 20 世纪 60 年代初，晶体管投入使用时，第一批遥控器就诞生了，其中的超声波频率信号是由电子电路产生，并由电池供电。尽管超声波电子设备的操作本质与之前的相同，但这种遥控器的优点在于重量轻得多，并且不存在机械设备自身的磨损问题。

最晚到 20 世纪 80 年代初，这种类型的遥控器成为世界各地电视机的国际参考标准，其中也包括意大利市场中的电视。而那时意大利恰逢彩色电视时代的兴起，私人广播电视公司正方兴未艾，同时，超声波技术仍发展缓慢并被红外技术势不可挡地取代，红外技术至今也仍是电视遥控器界的一大标志。

红外线的到来

红外技术是遥控器历史上的一场真正革命。而且，与前几代技术不同的是，这项创新概念源于欧洲，后来才在美国流行，而在此之前美国一直主导着这一技术领域。

红外线被引入遥控系统以填补技术需求，这是个很有趣的、值得探索的现象。事实上，超声波设备是无法处理英国广播电台的新服务——图文电视（英国图文电视）所需的多种新功能的。这项服务诞生于 1974 年，其名称取自“看见真相”（see facts）的谐音。它和普通电视的区别在于，公众可直接在电视屏幕上看到与图像匹配的文字信息。

正如我们所看到的，超声波遥控器的按钮数量和功能非常有限：两个用于更改频道，一个用于控制开关，另一个用于调节音量和静音。这种稀缺性无法满足新的计划服务需求。第一个红外遥控器的开发是为了解决电视信号传输过程中的屏显问题。矛盾的是，我们也因此又回归了最初的技术，即 20 世纪 50 年代的光束枪技术，但同时改变了所使用的电磁频率，并在控制装置和电视之间采用了更复杂的通信技术。

拿当今仍然最常用的红外遥控器来说，当按下按键时，会发射红外光谱中的电磁波（不可见辐射，频率在 428 太赫兹到 300 吉赫兹），其上写有“已调制”，是设备可执行的操作识别码。

这样就没有任何限制，遥控器几乎可以远程管理电视具备的任何功能，甚至可以实现现代智能电视提供的任何服务。

遥控器的未来：灭绝还是生存

近年来，各公司一直在努力将这种过时的物品改造得更加现代化。在信息通信技术领域，这种方法被称为“10英尺[①]用户界面”或“3米用户界面”（该名称源于用户和电视之间的距离）。

设计师和技术人员的目标是使遥控器/电视组合的用户体验变得更加数字化，创造用户友好型产品，让其体验感类似于我们每天使用的智能手机、平板电脑或个人电脑。然而，众所周知，以上列举的这些设备通常距离我们不过几厘米，因此仅用手指就可以浏览到最自然的界面。将电视和遥控器带入数码世界并不是一项简单的操作，因为遥控器是为线性、可视化、有序和分层使用内容而设计的，而网络和数字更常见的是由多维结构和非线性连接组成的。因此，近年来，遥控器已经集成了数码界常见的各种功能，如执行观看者的语音指令，或实体触控板操作，这些指令类似于我们个人电脑中的控制指针，可便于用户在二维屏幕上更轻松地移动。

实验和变革还将继续，因为还尚未找到最适合新生态系

① 1英尺=0.3048米。

统和新数字文化的遥控器模式。只有继续在未来几十年间观察这些演变，才能揭示在巨大的文化变革面前该设备更广义上说是科技的适应性。

只有当遥控器重新成为家庭中最令人着迷的物品时，它才算完成了蜕变，过去几代人的历史才会重演。年幼的孩子对它的需求才会像我们如今对智能手机和平板电脑一样旺盛。现在让我们切换频道，来聊一聊新科技。

第七章

手机

多年来，我家里有一个我称之为“博物馆”的柜子，里面存放着我所有的老古董，在我看来，这些玩意儿不可泯灭地标记着我们智人的历史。

我并不是收藏家，但在跳蚤市场和以往的个人生活中，我收集了几十个小型科技装备，所有这些玩意儿都承载着人类历史，能够讲述我们在哪儿，我们是谁，以及跨越一本历史或人类学，我们将成为谁。其中，不容忽视的是一部 2007 年的苹果手机（iPhone），这是一些朋友在 2018 年送给我的 45 岁生日礼物，他们知道我对这些独具历史性的物件的热情。事实上，自从 2007 年史蒂夫·乔布斯在旧金山的计算机杂志《麦克世界》（*Macworld*）上展示他的第一代智能手机以来，我们的沟通、娱乐和工作方式，或者总结为生活方式已经彻底被改变。

因此，在撰写你们即将要阅读到的这章之前，我打开了我那如同博物馆般的柜子，取出了还存放着这部见证历史的手机的原装盒，打开盒子，我再次惊讶于它的小尺寸屏幕和令人难以置信的厚度。抛开这些特征，尽管距离这款智能手机上市已过去近十五年，但将其握在手中仍然给人一种优雅和精致的感觉，这是可以代表一个时代的一件艺术品。

智能手机简史

尽管苹果手机使智能手机这一概念在社会间流行起来，并在后来成为手机界的模范，但它并不是历史上的第一台智能手机。

正如“智能”这个词本身所表达的意思，智能手机意味着一部能够实现“自动化”的手机，即能够拨打电话且同时还集成了个人计算机的典型功能的设备，例如通过特殊系统运行进行存储、处理和传输数据。20 世纪 70 年代，随着无线电话的出现，移动电话诞生了。但直到 20 世纪 90 年代，蜂窝网络这一无线通信网的出现才使移动电话开始盛行。以前的无线电话只能在城市中使用，并且所有用户共享接入的单一天线，这大大限制了用户的体验感，而蜂窝网络将信号领域划分为许多小区（因此而得名），支撑的呼叫量大幅增加了。这项革新使手机业务量和用户猛增，并引发了一场移动电话的革命。

20 世纪 90 年代初期的手机只是个简单的无源终端，没有任何附加功能，甚至没有地址簿，而且通常没有显示器且屏幕很小。人们只需在键盘上拨打号码并按下呼叫按钮，或者在来电处按下“接听”键——一个小圆点。仅此而已。

然而，年复一年，得益于集成电路的改进和小型化以及新移动通信网络的普及，十年间就从全向通信系统（TACS）和扩展式全向通信系统（ETACS）的第一代技术（1G）过渡到了以全球移动通信系统（GSM）为代表的第二代技术（2G），再到诸如通用移动通信系统（UMTS）的第三代技术（3G），手机开始变得越来越智能，功能越来越丰富。

正是从20世纪90年代初开始，IT和电子公司开始提供具有智能化功能的移动设备，即在手机中加入个人数字助理功能（PDA）。例如，1994年，美国IBM公司推出了Simon这款机型，它集合了日历、记事本、通讯录、时钟、电子邮件和一些游戏功能，尽管价格不菲，但还是售出了50 000部。在1996年的两款机型中，个人数字助理和移动电话间的融合也体现得尤为明显：HP OmniGo 700X这款机型融合了HP 200LX PDA、诺基亚2110和诺基亚9000 Communicator的特性；尤其是诺基亚9000 Communicator，这是一款可翻盖设备，内部含有一个QWERTY键盘，同时具备很多智能功能。第一款被称为“智能手机”的手机是爱立信于1997年推出的GS88型号；而第一款拥有自己操作系统的手机是同样来自瑞典公司的 R380 型号，所使用的手机系统为塞班（Symbian），由几大电子和 IT 公司合作研发，如今已被完全废弃。

20 世纪 90 年代末到新千年之初，手机（智能手机和其他手机）市场基本上由以下几个品牌主导：芬兰诺基亚、瑞典爱立信、美国摩托罗拉和加拿大 RIM（黑莓手机厂商）。

几十年来，这些公司一直致力于电话和无线电通信技术及业务的开发。正因如此，没有人能够想象这样的垄断局面会被一位局外者——苹果彻底打破。

苹果时代的到来

也许，在新千年之初，就连苹果公司创始人兼首席执行官史蒂夫·乔布斯也没有想到，他最终会投身手机技术产业，成为后来最伟大的手机创新研发人，独占手机市场的半壁江山。

2001 年，这位美国企业家推出了 iPod，这款 mp3 搭配 iTunes 播放器使他的公司成功跻身网络数字音乐发行领域。乔布斯的直觉是正确的，短短四年内，这款产品对苹果而言就举足轻重，几乎占其营业额的 50%，重塑品牌的同时也增加了苹果电脑 Mac 的销量。

曾经的苹果从未如此辉煌过，它的硬件和软件生态系统似乎注定会让它征服更大的市场份额。然而，正是在 2005 年，乔布斯意识到手机会越来越智能，并包含新的功能，mp3 播放器功能也会迟早被完善，iPod 在移动设备领域的主导地位将被撼动，而公司的新商业模式也会因此面临危机。为此，乔布斯十分果断地决定涉足移动电话领域，以避免人们开始集中在手机上使用音乐产品之时措手不及。

找到一个解决方案迫在眉睫，这使他一开始便做出了一个决定——与工业合作伙伴展开合作。这是乔布斯在此前的创业生涯中几乎不会采取的决定，因为如此一来他就无法把控新设备的设计过程。乔布斯并不喜欢这样，况且他对管理也几乎一窍不通。

正如我在前文谈到的，美国摩托罗拉是 2000 年初手机市场的领先公司之一，当年其著名的 Razr 智能手机（Startac 的后继者）销量达数百万部。得益于双方强大的领导力，尤其是乔布斯与摩托罗拉总经理爱德华·詹德相互心生的敬意和情谊，两家公司决定合作，并于 2005 年 9 月向市场推出了摩托罗拉 Rokr，一款自带苹果 iTunes 软件的智能手机，可以用来购买和播放音乐。这款摩托罗拉和苹果的联名产品介于播放器和手机之间，因此显得有些不伦不类，无论是市场评价还是商业层面都惨遭失败。为此，乔布斯没有再浪费时间，主动结束合作，为了设计生产出一款全自主的苹果手机，他创办了一个苹果内部生产工厂，而这款以“iPhone”命名的智能机也将载入史册。

本书的任务并不是讲述 iPhone 计划的细节。我想说的是，这个设备是乔布斯继推出 Mac 和 iPod 之后的第三次技术文化革命。当乔布斯在向朋友、合作者和记者介绍苹果手机时表示，这是他整个职业生涯中做过最棒的项目。

事实上，与当时生产的其他智能手机相比，iPhone 确实代表了一场深刻的革命。仔细观察，乔布斯研发的苹果手机本身并没有什么创新——该设备只不过是一台内部集成了计算机功能的电话。但 iPhone 的所有细节和功能，从材料到操作系统，再到界面和图标，都是史无前例的。

玻璃和金属取代了当时智能手机中广泛使用的塑料，装在机身内部的电池是不可拆卸的，机械键盘的消失扩大了屏幕尺寸，整个机身的屏幕尺寸超越了 50% 的同行竞争者。苹果的操作系统（Apple iOS）是具有革命性的，用户界面也具有革命性，屏幕触碰不依赖于鼠标，鼠标垫或是手写笔，只需用户的一根手指和从纽瓦克公司（FingerWorks）购来的多点触控手势系统便可实现操作。

短短两年内，乔布斯和他的团队就创造了奇迹。他们从零开始研发出一个堪称完美的软件，它能够指挥并驾驭同样设计精良的硬件。

看着 iPhone，尤其是使用 iPhone，真的就像看到了另一位天才伊塔洛·卡尔维诺于 20 世纪 80 年代中期在《美国讲稿》一书中写下的文字一样。给下一个千年的六点建议：

> 的确，软件只能够通过沉重的硬件来发挥它轻捷的功能。然而，到底还是软件发出指令，影响着外在世界和机械，机械只作为软件的功能实现物而存在，机械的发展可以实现更为复杂的设计。第二次工业革命不像第一次那样，没有向我们展现车床轰鸣和钢水奔流这类惊心动魄的景象，我们看到的是科技产品以电子脉冲的形式下达的信息指令。钢铁机械这类重工产品也在进步，它们也要遵从这些信息指令。

当我们读着这些文字，来观察 iPhone 的工作原理时，我们能肯定的是乔布斯应该是读过卡尔维诺的《美国讲稿》。至少我会这样想。

众所周知，截至目前，iPhone 取得了前所未有的成功：

而我撰写本章时距离 iPhone 发布已经过去大约 15 年了，苹果公司宣布全球活跃的苹果用户量已达 10 亿。这的确是个令人震惊的数字，相较同类电子产品而言是不可想象的。

在下一节中，通过一个比方，我们将尝试理解为什么苹果会成为这场深刻文化变革的主角。

一部三维工具

我们可以将信息和通信技术（ICT）世界最大限度地抽象理解为一组获取、处理和传输的信息的集合。

采集、处理和传输，这三种功能结合在一起，为我们生活的复杂技术环境以及提供信息、娱乐和交流的各色平台赋予了生命。

哲学家卢恰诺·弗洛里迪为这三种功能创造出“信息圈”一词，他将其定义如下：

> 这是一个基于“生物圈”这一模板诞生的新词，生物圈指我们星球上可能存在生命的空间。严格来讲，信息圈指信息空间的全球性，因此它既包括网络空间（互联网、数字电话等），也包括经典大众媒体（图书馆、档案馆、报刊亭等）。

广义来讲，当我们用信息术语（设想DNA和生物技术）回顾我们对世界的概念时，信息圈一词在现实中的涉及面变得越来越大。如今，生物圈和物理世界也可以被解释为信息圈领域。我们也是这个信息圈中的一分子。因此，该术语在哲学上与“存在”同义。

该术语诞生并植根于新千年之初并非巧合，正如不同技术之间的融合和集成是势不可挡的。在这些技术中，我们看到了计算机和移动电话、信息技术和移动电话之间的融合，但这只是21世纪初诸多融合中的一角，这种融合至今仍在进行中，并且很可能会成为未来几十年的特征。正是因为我相信这种技术间的集合将（重新）塑造我们诸多的精神面貌和文化惯例，所以我现在想试着为你构建一个清晰而原始的“空间”，在其中一切都将发生。物理学家和数学家经常依靠这些不寻常的运算，得出更易理解现实世界某一现象的空间理论。因此，它所代表的将不仅仅是一个物理空间，而是一个隐喻的空间，如果我们学会观察，它将会更清晰地向我们展述现实以及人类文化。

如果你愿意，请尝试按照我给的指示来绘制这个空间，你将得到的是一幅“藏宝图”，它会帮助你在未来几年中获取价值。让我们一起出发吧。

1. 画出三个笛卡尔轴 *xyz*，并将它们一对一地分配给 ICT 领域内的三个典型功能，即传输、处理、采集。例如，我们可以将传输系统分配给 *x* 轴，处理系统分配给 *y* 轴，采集系统分配给 *z* 轴。

2. 完成此操作后，重新集中精力在第一个轴上，即 *x* 轴上，并按时间顺序在其上排列所有远程传输系统：电报（1844），电话（1876），无线电报（1895），电视（1926）。我们用字母“*T*”来标记该轴，它代表信息传输（或电信）。

3. 现在，沿 *y* 轴移动，按从古至今的时间对数据处理技术进行排序：大型主机计算机（20 世纪 40 年代）、小型计算机（20 世纪 60 年代）、家用计算机（20 世纪 70 年代）、个人计算机（20 世纪 90 年代）、智能手机（21 世纪初）。我们用字母“*E*”来标记该轴，它代表信息处理（或用“*I*”表示信息学）。

4. 最后，在 *z* 轴（垂直轴）上，运用数据采集技术：摄影（1839）、留声机（1880）、电影摄影（1895）或最新的电子传感器［如全球定位系统（GPS）、雷达和声呐］。我们用字母“*A*”来标记该轴，它代表信息采集。

现在我们已经绘制完成三维空间并开始按时间顺序将不

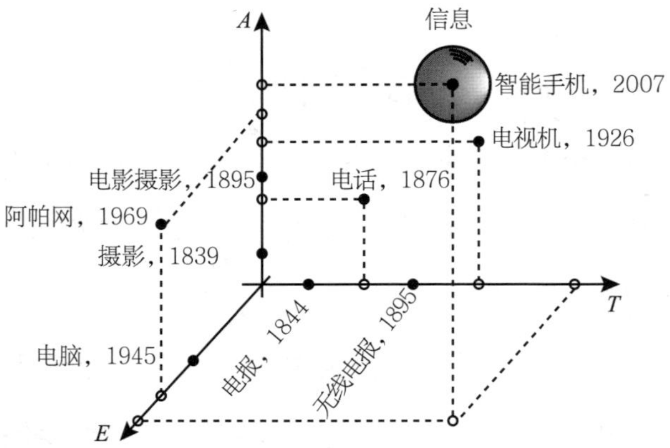

T——信息传输；*E*——信息处理；*A*——信息采集

三维空间表示的信息技术

同的技术设备放置在轴上，并以一些重要的技术和文化数据为参考。

首先，我们注意到，最初信息与通信领域的技术仅集中在这三个轴中的其中一个轴上。例如，在 19 世纪，相机是一种只有数据采集轴的设备。实际上，按下快门按钮，相机会收集场景中的光线，但无法传输收集到的信息。为此，需要打印照片，然后依靠另一个技术平台，如邮件。相机本身是无法处理这些信息的。

同样，我们可以说电报机是一种单一的传输轴设备。事实上，信息不是自动获取的，必须通过电报员敲击电报机键盘将其输入机器。这样一来便不难理解，当时的电报机无法处理任何数据。

20 世纪中叶的计算机也是如此，事实上它是一种只能处理数据的设备。当时的计算机甚至无法自动获取数据，更别谈数据传输了。所有数据都是由操作员手工输入的，同样，如果人们想转移数据，则需打印出来并提交给邮局。

所有第一代的这些设备都是由设计师构思、公司销售，然后交由用户体验各个功能，因此，在我们的笛卡尔坐标空间，它们由位于单个坐标轴上的各点标记。

因此，我们可以说这些技术最初都是一维的。但即使身处那个时代，我们也很难想象或记住那个技术如此固化、单纯的世界里是什么样子。

为了带你回到那个环境中感受这些“平面”技术，我将借助埃德温·阿伯特在其 1882 年的小说《平地》加以说明，他在此书中完美地表达了空间维度与我们视野局限性之间的关系。

> 这个君主显得多么可怜又无知——正如他对自己的称呼——他坚信，他所居住的、这条称之为“领域”的直线构成了整个世界，实际上是整个空间。

就像线性空间划分出的每一部分一样，即使对于ICT技术设备的第一批设计师和第一批用户来说，除了设计和使用这些一维设备之外，也很难想象出任何其他东西。

幸运的是，不同的信息通信工具已经由单一的传输轴开始缓慢而稳定地扩展其维度。在从电报（1844）到电话（1876）的转变中，经过仔细观察，我们已经见证了第一次重要的技术和文化变革。事实上，电话具有双重功能，是一种通过麦克风从环境中获取信息的工具，因此它位于信息获取轴，但同时它会沿着电话线自动传输信息，因此它也位于传输轴上。

简而言之，用我们的比喻来说，可以称电话为历史上的第一个二维物体。在我们的笛卡尔坐标空间中，电话不再位于单个轴上，而是位于一个平面上——由采集轴和传输轴构成的平面。

这种维度扩展现象不仅仅体现在电话上。如果你尝试将不同的设备放置在笛卡尔坐标空间中，就会注意到20世纪出现了第二代设备，它们都是二维的。以下是一些例子。

如你所知，电视诞生于1925年，是一种获取运动图像并将其实时传输到接收器的技术。因此，从这个角度而言，电视与电话隶属于同一个维度，这一维度主要进行信息的获取和传输。

第一台通过阿帕网（1969年）连接到电话网络的计算机

采用的也是二维技术，但它们存在于我们所谓的远程信息处理平面中，由传输轴（远距离通信）和处理轴（电子信息）产生。事实上，“远程信息处理”是“远程处理系统”和“计算机科学”这两个词的合成词。

第二代二维技术的最新例子是数码摄影，于20世纪90年代中期开始普及。数码摄影运行所涉及的轴是信息获取和处理轴。这种融合已经让位于真正的技术和文化革命，众所周知，这给摄影界带来了巨大改变。

仔细观察就会发现，这种技术二维性是20世纪的首要特征。现在问题来了：如何评价新千年一代的技术呢？

为了回答这个问题，让我们回到阿伯特书中那段具有启迪意义的话，它对我们叙述的主人公——四维空间展开了分析：

如果一个点位移3厘米，形成一条3厘米的线，我们用3来表示它，那么当一条3厘米的直线平行于自身移动，形成一个边长为3厘米的正方形，我们就可以用3的平方来表示，可以此类推：当一个每边3厘米的正方形，以某种平行于自身的方式移动（但我不知其如何移动），应该会形成一个每边3厘米的其他东西（但我不知会形成什么）——那么我们就可以用3的三次方来表示。

如果将这些话翻译成我们打的比方，那么在信息通信技术领域听起来可能是这样的：如果计算机、电话网络等两个一维的设备构成一个远程信息处理系统，那么从这个二维技术平面再推进，是否有可能获得其他东西呢？一些三维的东西？好了，我们已经进入正题了。这个“其他东西”代表着我们自2007年以来一直感受到的科技和文化范式，即卢恰诺·弗洛里迪所定义的“信息圈”，一个漂浮在我们描绘的笛卡尔空间内的三维实体。

21世纪，信息圈将遍及我们称之为第三代三维工具的物体和设备中，它们同时具备采集、处理和传输信息的功能。

iPhone和那些更具普及性的智能手机是第一批具有这些特性的设备。众所周知，智能手机首先是一部电话，因此我们可以将它归于传输轴这一空间；但同时它也是一台计算机（带有微处理器、RAM、操作系统和软件），因此我们也可以将其投射在以信息技术为代表的T轴上；最后，它还配备复杂的采集系统，如摄像头、麦克风、加速度计、GPS传感器、气压计，可连续从环境中收集数据。这些数据除了被获取和存档外，还可以被处理和传输。智能手机称得上是一部完美的三维工具。

继21世纪初iPhone等产品发生的事件之后，人们可以认为未来的信息通信技术产品将越来越多地渗透到这个信息圈中，并且我确信这些产品的商业价值将取决于它们在人类这个三维空间中的影响力有多大。我还相信，这个过程不仅涉及信息通信技术设备，还将涉及我们周围一切与这个信息圈有关的物理对象。

这种情况已经发生了，比如智能电视、自动驾驶汽车，都是智能且可联网的，且遍布着传感器。再想想新一代家用电器、洗衣机和智能冰箱，或者物联网上的许多东西。

瞧，这便是我们一直寻找的“藏宝图”，这张地图能帮我们解读现在，并了解哪个方向才能更快地迈向未来。

我想智能手机，尤其是苹果的成功是一目了然的，但这种成功并不像人们所说的，仅仅涉及时尚、传播或营销问题，更是一场深刻的技术和文化革命，这场革命始于两百多年前，伴随信息通信技术出现，随着时代变迁不断壮大，发展出一个又一个维度。

这些体积虽小但功能强悍的电子设备所具有的三维性不仅仅是一项技术的代表，它更使用户成为全球智能网络的一部分，其中的所有节点都可以收集、处理和传输信息。

从理论上讲，这是人类创造设计出的最接近民主化的东西，现在轮到我们学习如何在使用中发挥它的最大价值了。

第八章

圆珠笔

2019 年，当我女儿还在上一年级时，我们在她的作业本上发现了“毛毛雨”这个词，仅仅是指定练习的基础，当时学识浅薄的我和她都不知道这个词的定义。

面对这种差距，我和女儿做出了两种截然不同的反应，我觉得分析一下会很有趣，同时也可以给写作带来一些思考。事实上，当我拿着智能手机，凭借十多年来在触摸屏上写作所获得的技能，开始在搜索引擎中输入那个未知单词时，女儿的发言让我感到惊讶，她自然而轻松地说：“嘿，谷歌，‘毛毛雨’是什么意思？”23 毫秒后，谷歌回应道：“小雨，慢慢下的雨。”

在这件事上，我们看到的不仅仅是一位父亲与他的女儿间的争论，更重要的是我们可以用新兴的口语文化来代替书面语表达。人们不禁想知道，在机器开始说话和倾听的时代，书写工具会发生什么。我们会再写字吗？我们还会再阅读吗？我们还会用键盘、钢笔、铅笔来传承我们的文化吗？我们是否还会用眼睛来摄取文化信息，还是只靠耳朵？

对于像我这样的作家和像你这样的读者来说，提出这些问题似乎是亵渎的。但在我看来，在探讨圆珠笔的写作历史之前，不仅要进行自问，还要尝试给自己一些答案，这样可能会很有趣。

写作模因

尽管这看起来有些多余，但即刻我想提醒你，书写是技术形式的化身。实际上，它背后承载着一套技术工具——墨水、笔、轮转印刷机、键盘、纸托、显示器。有了这些工具，人类才得以传播自身的知识经验，讲述自己的故事。正如我所提到的，我们对技术的重视就是文化征服的一种体现，举个简单的实例：当某个设备退出市场时（通常二十五年为一代），我们内心还是坚信它能用，就好像它的寿命如太阳或恒星般永恒。

你应该还记得，在本书的开头，我引用了艾伦·凯的话，他将技术定义为我们出生后发明的任何事物。相比之下，美国计算机科学家的定义似乎告诉我们，在我们之前诞生的一切都会自动被视为非技术性的，几乎是自然的，这一点颇具挑衅性。这种看法最荒谬的是，它让我们认为旧技术好像一直存在一样。这就产生了一个更令人担忧的思维过程——既然我们认为这些技术一直存在，那么我们也认为它们将永远存在。

显然事实并非如此。对于技术和生物学来说，事物发展都逃不出诞生、进化、变异和灭绝的过程。就生物学而言，这些过程是难以察觉的，因为这需要数百万年的时间才能完成。而在科技领域，一场预言在短时间内就能实现，短则十年，长则一个世纪或几千年，但预言的结果基本大差不差。

这就是为什么我相信理查德·道金斯提出的“模因”概念对于理解技术和每一种文化形式至关重要，因为这位英国生物学家清楚地告诉我们，对自然有效的东西对文化也同样奏效。

我之所以提出这个讨论，是因为我相信从这个角度思考书写也是非常有趣的，书写根植于我们的文化基因中，几乎没有人敢质疑这一点，只能承认在未来的几十年或几个世纪里，写作是可替代的，甚至有一定的灭绝风险。我并不是唯一一个假设未来写作这一形式会消亡的人。1956 年，杰出的科学家兼作家艾萨克·阿西莫夫（Isaac Asimov）还没看到我女儿在谷歌查询“毛毛雨”的定义，就已经想象如果机器、人工智能和机器人技术继续以过去几十年的速度发展，会发生什么。在故事《一天……》中，在不久的将来，两个男孩将会讨论在博物馆中发现的一些设备：

“哎呀，尼基，”保罗生气地说，“你的脑子里只有代码之类刻板的东西吗？”

“那又怎样…”

“答案都是潦草地写出来的，所以你当然必须知道它们的含义。多尔蒂先生说，每个人在小时候就已经学习过象形文字以及解码它们的方式。制作象形文字被称为‘写作’，解码它们被称为‘阅读’。多尔蒂先生说，每个单词都有不同类型的象形文字，人们用这些象形文字填满了整本书。他还告诉我，他们在博物馆里有一些样本，如果我想要的话，可以看一下。据他说，如果我想成为一名真正的技术程序员，我必须了解算数的历史。这就是为什么他向我展示了所有这些东西。”

尼科洛皱起了眉头。“你的意思是在每个单词身上，人们都要计算并列出一些象形文字来记住它们？这是真的还是你编造的？”

“千真万确，我发誓。看，这就是‘一’的样子。”他用手指在空中做了一个手势。“于是‘二’和‘三’就产生了。我学会了‘九’之前的所有数字。”

尼科洛看着他的朋友在空中划出符号。他不敢相信事情真的是这样。“但是这些象形文字对我们有什么用呢？”

现在换我问你同样的问题：这些象形文字对我们有什么用处？写作和阅读对我们有什么用处？

身为21世纪的人类，我们是得问问自己这个问题，或者至少我们可以问自己，我们人类多久才会问自己这个问题。十年后？五十年后？两个世纪？或者从来没有？

此外，我们为什么要发出这样的疑问？要知道，写作和阅读，以及阿西莫夫提到的象形文字并不总是存在的。更严谨地讲，有寿命的东西注定不会永恒。

事实上，写作不仅不是永恒的，它的历史也很短暂，至少相较人类历史是这样的。如果说智人已有20万年的历史，那么文字的历史也只有5 000多年，它的雏形（楔形文字）可以追溯到公元前3000年，出现在美索不达米亚的苏美尔人之中。此外，在很长一段时间里，几千年来，文化写作的地位仍落后于文化的口头传播，因为在耶稣基督诞生之前的公元前5—前4世纪，苏格拉底和他的弟子柏拉图都以怀疑的态度看待写作，正如我们在柏拉图于公元前370年撰写的《斐德罗篇》中所读到的：

写作和绘画实际上有一个奇怪的共同点。这些画像就站在你面前，仿佛它们是活的，但如果你问它们什么，它们就会保持庄严地沉默。这同样适用于书面演讲：你可能会觉得文字会说话，就仿佛它们有思考的能力，但如果你问它们一些概念的表达，或试图理解它们，它们只给出一个答案，而且永远只有这一个答案。演讲稿一经完成，便会在各地流传，与此同时也会在鉴赏家和与它无关的人之间传播，而这些被写作的稿件自身并不知道它应该向谁这样表达或不去表达。一旦受到虐待或被无意冒犯，这些书面稿件只有在作者的帮助下才能得以摆脱，因为它无法自我辩护或自我保护。

当然，我们不能否认写作在人类历史中的重要性，但从世俗和科学角度来看，未来这种重要性是否永存也有待考证。苏格拉底、柏拉图、阿西莫夫和谷歌的存在让我们开始重新思考。

你可能会觉得奇怪，专门介绍圆珠笔的这一章并没有大肆宣扬写作，而是开始思考它可能会灭亡的原因，但我想利用这些反思带给你的失落感让你明白，当我们谈论技术、文化和智人时，重要的是不要将目的与手段相混淆。即使写作终会消亡这一预测让我们感到无所适从，但有必要强调写作只是一种手段，真正的目的是传播文化和讲述故事。

对于我们人类来说，只有后面这些活动是必不可少的，而不是写作本身。因此，未来新的设备将进入人类视野（有些已经出现），这些设备可能更适合（正如达尔文所说）为人类的明天传播文化。

书写工具极简史

圆珠笔是我们这个时代最具标志性的物品之一，是一种已经生产了数十亿件的技术工具。在讲述圆珠笔的诞生和发展之前，让我们快速回顾一下写作技术从起源到现在的历史。

让我们从公元前3350年的美索不达米亚和楔形文字开始回忆。人们开始写作的初期并没有使用纸张作为承载物，相反使用的是黏土片，苏美尔人用书写工具三角形（或楔形）的部分和小木棍尖端在黏土片上绘制符号，这种原始的交流形式被称为“书面写作”。

与上述情况相反的是，埃及人在公元前3150年左右引入了纸莎草和墨水这两种原材料。墨水通常是黑色（由炭黑和明胶制成）或红色（由植物提取物和硫化物制成）。芦苇笔是当时最常用的书写工具，它取自干燥的木藤，经过处理后笔尖变薄并更光滑。后来出现了羊皮纸和纸张，直到公元6世纪，鹅毛笔成为主要的书写工具。鹅毛笔之所以受到欢迎，是因为其笔尖留有缝隙，用来盛放墨水，从而具有更细腻的笔触和更好的流动性，今天我们所说的钢笔，其设计理念仍沿用这种古老的书写工具。

鹅毛笔统治了西方书写世界近一千年，直到 18 世纪启蒙运动中期，第一支金属笔尖和第一支现代设计的钢笔才开始传播。

回想至此，我不禁想起伽利略、牛顿是 17—18 世纪科学革命的主角，而身为像他们这样的科学家，仍然需要依靠这样一个简陋的仪器来传递他们精密的科学知识和哲学思想。18 世纪中叶，狄德罗和达朗贝尔在他们的启蒙运动象征性著作《百科全书》中花费了大量的篇幅来描写这种书写工具。

直到 19 世纪的前几十年，在使用了贵金属材质、经典式切割法和透气式笔尖后，比鹅毛笔更复杂的钢笔才逐渐被人们所接受。这些书写工具仍然使用墨水池来供应墨水：直到 19 世纪，现代钢笔才诞生，并最终配备了内部储墨器。从那时起，在整个 19 世纪直到 20 世纪中叶，钢笔不断经历微小的变化，并在技术上不断改进，最终作为主要书写工具开始传播。

20 世纪中叶，钢笔似乎成为最经典的书写工具，攻占了一张又一张白纸。然而没有人会想到钢笔的未来会走这样的下坡路。

尽管有了很大的改进，钢笔仍然有一些缺陷，其中最大的缺陷是墨水干燥得慢。然后，同样重要的是，这支笔必须在纸上滑动到正确的位置才能获得最佳的书写体验。这两个问题都通过一项发明得到了解决，即圆珠笔，据我所知，在短短几十年内的日常应用中，圆珠笔完全取代了钢笔。

完美工具

拉斯洛·约瑟夫·比罗是一位才华横溢、多才多艺的发明家，他有着十分传奇的故事，但却无法充分利用自己的直觉。比罗拥有犹太血统，19 世纪末出生于匈牙利，曾是一名医学生，但在 20 年代中期，他放弃了学业，开始从事催眠师的工作。在这段经历后，他又从事了不同的几种职业，从汽车司机到海关官员，从艺术家再到记者。与此同时，出于兴趣，在业余时间他与他的兄弟捷尔吉一起从事发明家的工作。他的创造力加上其兄弟出身化学专业，两人设计了一些有趣的东西，包括原创的防盗锁、创新的洗衣机、特殊玻璃和汽车自动变速箱。其中一些设计获得专利并出售给相关部门的重要行业。多才多艺的本领使他能够涉足多个商业领域。1936 年他发明了钢笔，这只钢笔至今都以他的名字“比罗”命名。

20 世纪 30 年代中期，在担任匈牙利周刊《Avanti》的记者期间，比罗对改良专业工具产生了极大的兴趣，其中他尤其关注钢笔。在我的印象中，初期的钢笔由于用墨会造成很多污迹，墨水必须具有较好的流动性才能使笔尖丝滑，也正因如此，需要更长的时间笔迹才能干燥。

为了解决这个问题，比罗立即尝试用他工作的出版商印刷机中使用的墨水代替旧墨，但印刷机墨的流动性要差得多，而且干燥得更快。这次尝试自然失败了：使用这种墨水的钢笔流畅度很差，书写体验相当令人沮丧。

似乎是出于偶然，比罗顿悟了，并能够惊呼“尤里卡！”。当时他正在看一些孩子玩弹珠，注意到其中一个弹珠滚进水坑里，继续沿着它的轨迹前进，在路上留下了完美的轨迹……正是这种轨迹，即一个球体浸入墨水中并在纸上滚动留下痕迹，成为他想法的核心，并在短短几年内彻底改变了书写史。

这位年轻的发明家再次向他的兄弟寻求帮助。如此一来，在 1936—1938 年，比罗展开了一系列实验并创作出多个模型。比罗负责机械部分和球体的运动，而他的兄弟捷尔吉则寻找合适的墨水混合物。1938 年中期，两兄弟完成了这项工作，并在匈牙利、英国和其他欧洲国家为他们的发明申请了专利。

不幸的是，此后不久，匈牙利与纳粹德国结盟，为了逃避反犹太迫害，比罗兄弟在朋友胡安·豪尔赫·梅恩的陪同下，先移居法国，1940 年又移居阿根廷。他们在那里创立了名为“比罗，比罗和梅因”的公司，并于 1943 年开始生产圆珠笔。在此过程中，他们在阿根廷和美国注册的一些新专利也起到了不小作用。那些年来，该公司获得的最重要订单是与英国空军签署的订单，该订单根据英国空军的许可生产了 30 000 支圆珠笔，我们可以想象，这些圆珠笔在高海拔地区使用时会更加舒适和实用。

直到 1945 年，该公司才成功在阿根廷销售出第一支面向大众的圆珠笔，至今该笔在该国仍被冠名为“比罗梅”（公司名称“比罗和梅因”的缩写）。

尽管产品质量优良并在商业上取得了一系列初期成功，但由于工业流程不精练，比罗，比罗和梅因品牌圆珠笔的价格相当高，因此其市场占有率相当差。尽管如此，我们可以认为这种圆珠笔是书写史上的一大进步。

比奇和奉献

由于销售不佳、生产成本过高以及随之而来的流动资金需求压力，比罗和合作伙伴被迫提早出售其精巧的发明专利。买家中有一位三十岁的巴黎索邦大学法律系毕业生马切尔·比奇，他出生于都灵，但当时已成为法国公民多年。

这位年轻的律师看上去像是一位企业家，在萨沃伊的卡洛·阿尔贝托的帮助下，律师家族荣获贵族头衔。在墨水行业积累了一些工作经验后，1944 年，他在距离巴黎几千米的克利希购买了一家工厂，并与合作伙伴艾德·布法德一起开始生产和经营书写产品。正是在活动的头几个月里，他购买了圆珠笔的专利。

马切尔·比奇通过彻底改变该项目来推广比罗的想法，他采用塑料并引入一些关键的技术改进；此外，最重要的是他建立了复杂的工业流程，从而显著降低了生产成本。所有这些选择很快转化为巨大的商业成功，这种成功也是因为此前比奇钢笔相比其他型号钢笔的天价难以真正投入市场。1950 年，这位年轻的企业家创办了比克公司，以每支 50 法郎分币的价格推出了著名的比克圆珠笔。四年后，这种笔在意大利卖到了60里拉一支。

得益于这个神奇的策略，马切尔·比奇公司的圆珠笔在短短半个多世纪的时间内生产和销售额就高达1 000亿支，即平均每天约600万支。在整个技术史上，鲜有其他物品能够企及这个数目。2004年，在都灵的温贝托路60号，人们为这位伟大的企业家设立了一块纪念牌："*马切尔·比奇出生于此，他简化了写作的日常生活*"。

拉斯洛·比罗和马切尔·比奇之间的差异在科技史上具有典型意义。当我们与贝泽拉·帕沃尼夫妇或比亚莱蒂父子谈论咖啡机时，我们就已经感受到了这种差距，这是发明家和创新者之间的典型距离。这里我指的是福特层面的创新：美国企业家亨利·福特认为，只有当一项技术进入了每个人的生活时，才算是真正的创新。在这里，发明家以非凡的创造性让零变一，而创新者将这一数字无数倍地增加，给每个人带来面对面的体验。

而你，怎么称呼它？钢笔、圆珠笔还是比克？现在你知道，称它为钢笔，你就回到了它最初的物质属性，也就是钢的笔；而称它为圆珠笔，就意味着你选择以发明者的名字来给它命名；最后，称它为比克，你就选择了和让这支笔火起来的人为伍。随你怎么叫！

我要做的就是在结束本章时承认，无论未来书写的命运如何，圆珠笔仍将是设计与技术完美融合的典范。这种装置既小巧又轻便，同时又十分人性化，但如果我们只能在博物馆或书籍中欣赏到它，那么将很难理解它是如何深刻地改变了我们人类物种的历史，成为更加民主大众化的文化象征。

第九章

洗衣机

如果要对改变社会影响最大的发明进行排名，毫无例外洗衣机位居第一。当我们把那些看似简单的家用电器放在浴室或盥洗室里，并享受这种先进科技时，我们会觉得一切都是理所应当的。但我们未曾意识到，洗衣机意味着一场有史以来最重要的社会革命——它是女性解放无可争议的主角。长久以来女性都在为自身权利而战。毋庸置疑的是，洗衣机的出现改变了女性的生存地位。马里奥·卡拉布雷西在他的《什么让星星闪闪发光》中回忆道，在经济繁荣时期，他的祖母卖掉了一辆刚送给她的汽车来买一台洗衣机，并让她明白洗衣机的社会价值。

当他们去经销商那里时，她归还了钥匙（在发现这辆车价值60万里拉后），并收回了押金，午餐之前的这段时光，她实现了自由：她买到了那台巨大的美国产洗衣机，在意大利生活之际，她便爱上了它。回家的路上，她还顺便去了书店。回家后，她所要做的只有逛逛书架，顺便开心地选一本当晚要读的书。五十年后，当她告诉我这件事时，早已忘记当时读的书是什么："没关系，任何书都挺好。重拾阅读让一切都变得不同，也让我拥有了属于自己的时光。”

尽管对于我们西方人来说，它已经成为我们无法放弃的商品，但令人印象深刻的是，世界上有72亿人，竟然有超过50亿人的家里仍然没有洗衣机。这也是为什么在此讲述和反思这项发明的科技史和社会历史显得很重要。

女洗衣工

洗衣服一直是一项耗费大量时间的累活。在最贫穷的家庭中，这项任务一般是由家里的妇女来完成的；而在最富有的家庭中，这项任务则被委托给真正的专业人员，即洗衣女工。

洗衣女工可以在私人空间或公共洗衣房中工作，这些洗衣房大多建在河流、喷泉和大水池附近，一般配有桌子或平板。在一些偏远地区，洗衣工们采用最原始的方式洗涤敲打、刷洗亚麻布。这些现在完全被遗弃的地方还保留着中世纪的城市特征。当时，随着家庭电气化的发展和经济的繁荣，家用洗衣机在整个工业化世界中都得到了普及……

早在中世纪晚期，甚至中世纪前半叶，这些洗衣女工就被集中组织成真正的公司，这些公司恢复了女性的职业尊严，却不允许这些妇女在社会金字塔上进一步攀登。

简而言之，几个世纪以来，洗衣服是一项又累报酬又低的工作，通常都由最底层的妇女从事，从寒冬到酷暑，她们需要忍受各种天气状况。

通常洗衣过程需要经历两个阶段：浸泡衣物、软化其纤维并为下一步做好准备，同时将衣物放在桌子上并用碱液刷洗，碱液是草木灰和冷水混合后过滤的溶液，之后再用热水刷洗。这两个阶段可以消除污渍和瑕疵。紧接着，将衣物放入河水或洗衣房中漂洗，这一操作要借助洗衣女工双手和手臂的力量，这种姿势对背部有一定损害。最后，到了甩干环节，这一步是为了消除残留的水，然后甩干，这一步也没那么简单。除了所有这些可能持续数小时甚至一整天的操作外，洗衣女工还必须借炭生火、加热水、制作碱液以及收衣服并将其归还给相应的人。

早在 18 世纪，借助狄德罗和达朗贝尔在百科全书中的描述，我们了解到至少法国洗衣房中的工作分工是合理化的，这是机械化的前奏，同时也预示着洗衣机即将问世。

在 18 世纪末到 19 世纪初的几十年间，伴随着第一次工业革命的爆发，我们见证了自动化的诞生、蒸汽的应用以及化学洗涤剂的初期发展。尤其到 1784 年，法国伯爵、化学家克劳德·路易斯·贝托莱将氯的清洁和消毒特性应用于洗涤循环。

从历史上看，公共及私人洗衣房的工作流程机械化和自动化由谁实现、在哪儿实现这两点难以探究。然而，任何尝试过洗衣机的人都会以系统且合理的方式精确划分洗涤周期，将洗衣机的不同槽位和功能分离开来，细化出能够执行特定功能的零件：浸泡、洗涤、绞干……从广义上来说，今天我们仍然可以在现代洗衣机中找到这些功能。

后来的洗衣机与第一次工业革命期间世界各地制造的机器间的区别在于尺寸。如今的洗衣机设计得比较紧凑，占用的空间有限；而最初的洗衣机有几米长，占据了整个房间……此外，我们的洗衣机使用电力，而第一台自动洗衣机尽管采用齿轮、杠杆和其他结构，但仍然依靠人类肌肉力量进行操作。

18 世纪的洗衣机

当我们从达尔文的视角出发，像看待生物学一样看待技术，那么法国社会学家甘·德洛奈的假设就得到了肯定。根据该假设，在形式上洗衣机源自一种古老的农业工具，即搅拌器，一种圆柱形木制容器，用于搅拌奶油并将其变成黄油。

洗衣机的演化好比物种进化论，是一个物种向新物种进化的过程。回看历史上第一款家用洗衣机的设计，我们便会认识到这两个物体间的相似性，其中很明显的一点是，它们都是一个可旋转的圆柱体，这个圆柱体能够激活设备来搅拌液体。

现在我摆脱达尔文的视角，从历史学视角进行观察，正如无法断定起初机械化洗衣机的发明者一样，我们也很难确定后来的紧凑型洗衣机究竟由谁发明，但可以肯定的是，在第一次工业革命期间，这种家用设备是经过精心设计的，并且配备了高效率的机械组件；而在第二次工业革命期间，它则改进集成了一些基础的电气部件。但当再次从社会学视角出发，可以肯定的是，直到第二次世界大战之后，特别是在欧洲，洗衣机才逐渐开始对许多家庭的生活产生重要影响。

简而言之，如果洗衣机自 18 世纪诞生、20 世纪中叶才投入使用，那么距其发明就已有 200 年，甚至更久的历史……事实上，根据一些消息来源，紧凑型洗衣机的首次使用可以追溯到 17 世纪末。英国贵族约翰 · 霍斯金斯于 1670 年设计了第一个紧凑型“一体式”洗衣系统，该装置由一个编织绳篮组成，可以手动旋转，通过喷射水柱实现洗衣。

然而，根据其他历史学家的说法，洗衣机这一概念的起源可以追溯到 1691 年的一项英国专利，该专利非常笼统地阐述了一种能够执行一长串任务的机器，但没有准确地描述相关任务，包括洗衣服。然而，这些洗衣机与当年的其他产品一样，无论多么先进，都无法产生任何工业或社会影响，只是在较小的私人领域使用。

相比之下，18 世纪中叶出台的有关洗衣机的一些推广措施就显得更规范化。比如，1752 年 10 月 16 日，英国人詹姆斯·莫尔顿在《索尔兹伯里日报》上对洗衣机做了重点宣传，广告中写道：

> 这是一款实用的机器，有各类尺寸可供选择，制造工艺精湛，易于使用的同时又能保证您上等亚麻布的安全性。这款机器的优势远超以往的任何机器，它在二十分钟内清洗出的布料要比手动两小时清洗出的更多。

同年，另一家英文报纸《绅士报》报道了大量相关新闻，甚至还展示了其中一款名为“约克郡少女”的紧凑型洗衣机，这与莫尔顿提出的技术非常相似。

许多历史学家将伦敦人爱德华·比瑟姆视为洗衣机的第一个真正发明者。1787年，他的洗涤房在《德比水星》报纸上被详细介绍。但总的来说，历史数据中提到的洗衣机发明者数不胜数。正是出于这个原因，在继续向你介绍18、19世纪制造的许多机器之前，必须先申明一个历史问题，这对于任何想要彻底解决技术问题的人来说都是至关重要的，而这也是一项发明的核心议题。

二十多年前，我在意大利国家科学技术博物馆担任馆长期间，开始认真研究技术史，我领悟到的第一个教训是，很多时候人们无法将一个独特的名字与一项“发明”的诞生联系在一起。事实上，洗衣机的历史恰好也证明了这一点，在同一年，有时在同月甚至同一天，针对同一个问题，世界各地的多个发明家都得出了相同的结论，找到了相似的答案。作为一名技术史学家，我在职业生涯中遇到的第一个案例是无线电的发明，令人难以置信的是，每个国家都有自己的代表人物：我们意大利人古列尔莫·马可尼、法国人爱德华·布兰利、美国人尼古拉·特斯拉、俄罗斯人亚历山大·斯捷潘诺维奇·波波夫、德国人海因里希·鲁道夫·赫兹……实际上，这些伟大的发明家都为整体发展奠定了基础。

就像收音机一样，洗衣机也是如此，我们可以将这些产品的诞生视为历史发展的必然趋势。与此同时，让我们悉数记住那些对工业社会发展做出积极贡献的名字。例如，古列尔莫·马可尼被正式铭记为无线电的发明者，并于 1909 年荣获诺贝尔奖，因为除了广为人知的领域，他还创立了一家公司并开发了无线技术市场，并于 20 世纪初在世界范围内推广了无线电在海军领域的使用。

回到本章的主题，所提到的发明家中没有一个人可以被视为“洗衣机领域的马可尼”，由于当时技术限制和种种社会因素，他们之中没有一个人能将这些和仪器有关的种种灵感转化为现实并投入使用，更别提引发一场文化革命了。

洗衣机技术的成熟和社会影响力的壮大都经历了一个漫长过程。18 世纪末英国讽刺作家托马斯·黑斯廷斯在《富豪漫步者》中关于当年对洗衣机的评论是很有趣的：

世界上的聪明人总是迎接着进步，而有偏见的一方……始终是改革的敌人。

就算比瑟姆美妙的洗衣房遭到了伦敦所有老洗衣妇和年轻亚麻布商的谩骂和厌恶，那又怎样？它的好处对于每个洗衣学徒来说不是显而易见的吗？难道那些贵族的换洗物就必须要从饱受折磨的洗衣工手中夺过来吗？

据记载，德国科学家雅各布·克里斯蒂安·谢弗正是在阅读了英国发表的描述第一台洗衣机的文章后，才将兴趣转向这一领域，并于1766年向世界展示了他的洗衣机——这台18世纪最有历史意义的发明物。我想通过纪念一位拉脱维亚作家的话来结束本段写作，他在18世纪末提出了一种创新的洗衣机模型……

这些18世纪的机器虽然各有千秋，但均为手动控制，并都有一个木篮和活塞、铲子、曲柄和杆，以搅动浸入水中的衣服。金属框架、全自动化和水自动加热这些功能只会出现在未来的时代里。

19世纪的洗衣机

直到19世纪中叶，第一次工业革命期间，才出现了更系统的制造真正洗衣机的尝试。世界各地再次提出了许多技术提案。1851年，路易吉·阿明德在那不勒斯制造出了一台大型洗衣机，能够清洗多达1 000件衬衫和2 000多张床单，成为当时整个欧洲市场最重要的发明。那不勒斯国家档案馆保存的一本1855年的卷宗中是这样描述的：

> 一直以来，洗衣机都是技术人员想要极力攻克的机器，因为洗衣要耗费大量人力、物力和时间，尤其当一些公共慈善机构需要进行布匹清洁和存储工作时。阿明德制造出的仪器由以下结构组成：一个可以产生蒸汽的锅炉；侧面还有一些大容器，主要用来存放床单；另外还有一个容器，可以用来存放衣物中的钥匙等小物件。其中一台设备已实际使用了两年，共清洗2 000张床单；另一台设备已安装在圣·玛利亚幼儿园，共清洗了1 000件衬衫。正如预测者们预估的那样，结果非常令人满意。

在美国这样的科技大国，我们也发现了许多发明家。我特别要指出的是詹姆斯·金和汉密尔顿·史密斯，这两位技术人员分别于1851年和1858年提出了一项十分创新的洗衣机专利，这与今天我们对这台机器及其结构的印象非常接近。19世纪中叶，美国的夏克尔社区成员设计、制造并销售专为小规模劳作而生的大型木制洗衣机。1876年的费城世界博览会上展出了最受欢迎的产品型号之一，同期还展示了另一项伟大的发明——电话。

这些发明背后孕育着一场巨大的文化变革，在无数的发明家中，我想再提及两个名字：一位是英国发明家托马斯·布拉德福德，另一位是美国发明家威廉·布莱克斯通，这两位发明家发明出了当时那个时代最好的洗衣机。英国人布拉德福德于1860年推出的洗衣机简单却实用，尽管它只由两部分构成，一个简单的八角木篮和外部承载它的更大容器。洗衣服时，八角木篮会在大容器中旋转。它的运行十分流畅，看上去就像我们21世纪的家用洗衣机。美国商人布莱克斯通为了减轻妻子的劳累，设计并制造了一台木制洗衣机——这台机器也是手动操作的，但具备商业头脑的他很快对这批首次投放市场的洗衣机进行了改造，并获得了一定的成功。

电动洗衣机

19世纪末至20世纪初，与自动洗衣相关的发明和专利数量呈指数级增长，以至于法国在1904年专门为这些洗衣机开设了专利机构。在这一时期，金属板材的大量使用，尤其是19世纪末20世纪初电动洗衣机的出现，让洗衣机成为家喻户晓的机器。

1906年，赫尔利公司的美国工程师阿尔瓦·J. 费舍尔接过了这场洗衣机马拉松史上的接力棒，为世界带来了洗衣机的标准模板。费舍尔设计并制造出了历史上第一台电动洗衣机。电动洗衣机以接近完美性淘汰了手动洗衣机和笨拙的蒸汽动力洗衣机，并在 20 世纪传遍整个西方世界，深刻地改变了许多国家的社会结构。

我们漫长的洗衣机之旅由“雷神”洗衣机终结。雷神洗衣机是有史以来第一台电动洗衣机，由芝加哥赫尔利电动洗衣设备公司生产。当然，这台洗衣机在当时集成了 20 世纪历代洗衣机的所有技术优势。如今随着数字化进步和物联网发展，这种设备正在变得越来越智能化。但这些技术变革不是我们关注的重点，我们感兴趣的是，电气化技术一旦达到成熟，洗衣机将迈入新的发展阶段，而这也将深刻影响整个 21 世纪的社会发展，改善工业化国家的相关社会问题，加速妇女解放。正如我在本章开头提到的，洗衣机开始在社会中普及，并在短短几十年内就达到了令人难以置信的普及程度。

在欧洲，第二次世界大战后，随着教育程度的提高、社会福利的普及和个人意识的增强，洗衣机的出现加速了女性争取平等权利的进程。即使当时洗衣机还未大规模普及，它也成为助推当时社会变革最强有力的一件武器。

下面我统计了一些洗衣机在法国普及的数据，这些数据摘自社会学家甘·德洛奈的分析研究。这些数据同时也反映出包括意大利在内的许多工业化国家的洗衣机普及度。1954年，只有8.4%的法国家庭拥有洗衣机；三年后，这一比例上升至17.6%，而在这十年后，即1967年，已达到41.2%；之后比例继续稳步增长，以至于在20世纪70年代，一半的法国家庭已经拥有洗衣机，1971年拥有洗衣机的家庭占比达到56.9%，1980年上涨至80%。与此同时，随着社会发展，女性开始进入职场，这也增强了她们的独立性，加速了她们的个体解放。

我相信洗衣机的发展及其带来的影响，足以证明技术是如何成为我们社会变革中最重要的驱动力的。

第十章

维基百科

我在 2010 年左右注册成为维基百科（Wikipedia）贡献者。注册名是“超级米内拉”，这个名字可能有些妄自菲薄，毕竟我无法成为启蒙运动学者狄德罗和达朗贝尔那样当之无愧的继承人。

但我即将开始叙述的是一本特殊的“百科全书”，一直以来它都被这样定义。这本“百科全书”有着极高的开放度，别具一格。让我们从它的名字出发一探究竟。

除了狄德罗和达朗贝尔这样令人钦佩的历史人物外，十多年前促使我在维基百科上撰写修正维基词条的原因是这个工具有史无前例的创新性。我想通过记录，成为这场技术革命的一分子，让这场革命在历史上留下印记。

在注册成为贡献者后，有了“发明家”这个身份，在“发明创造”这件事上，我变得非常活跃多产，多年来都满怀一腔热血。不过，由于时间受限，如今我编译和编辑条目的频率锐减，只来得及在课堂上与社会人类学课程的学生一起共建这些词条；而与此同时，我始终着迷于这个搜索工具的现代性和创新性。

经过这十年的课程和对数千名学生就该主题的访谈调查，

我发现他们中几乎没有人真正在维基百科上编写或修改过词条，尽管这是我每年都会让所有学生做的家庭练习。这是一次引人思考的经历，我相信至少在人生中这值得一试。

学生们看我的眼神就像我疯了一样，他们说："我们不是百科全书。"而我则反复强调："大胆一点，添加一下你最喜欢的乐队的音乐会日期，或者对你成长所处的城镇村落做个描述，再或者，可以审核那些你擅长领域或者极其感兴趣话题的词条页。简而言之，加入这个令人振奋的集体项目中来吧，一起编译、修改、丰富这些有趣的词条。"

我不能说服所有人，但在一些人眼中，我看到了冉冉升起的希望。正因如此，我决定在这一章专门讨论这个非凡的、革命性的发明。在我看来，那些生活在20世纪的人还没有完全明白维基百科的价值，这是一项伟大的发明，是人类最伟大的成就之一。这么来说吧，19世纪初，亚历山德罗·沃尔塔发明了电池；20世纪初，莱特兄弟发明了飞机；21世纪初，吉米·威尔士和拉里·桑格发明了维基百科。尽管这些发明种类截然不同，但这所有的一切都深刻地改变了我们人类的历史。

我之前说过，很少有人会将维基百科与其他发明联系起来，它不是软件，不是硬件，不能申请专利，不是某个科学家或技术人员的灵感结晶。然而，就像电流或飞行器一样，它是人类能够实现的东西，并改写着文化，潜移默化地影响着我们的世界观。

吉米、拉里和 Nupedia

吉米·威尔士是维基百科的联合创始人，如今他是这本著名百科全书的基金会的总负责人。他出生于 1966 年，是 21 世纪最有影响力的人物之一。我很幸运能够在一次活动的幕后见到他，这对于身为演讲者的我而言，是一个划时代的时刻。在我的职业生涯中，我很幸运能够与伟大的科学家、令人钦佩的创新者以及政治家、部长和实业家进行对话，但我认为这是迄今为止我唯一一次零距离接触历史，因为我坚信维基百科所具备的创新性是其他发明无可比拟的。

吉米·威尔士在金融专业硕士毕业后，开始在印第安纳大学攻读博士学位，这期间他意识到学术这条道路并不适合他，于是决定另辟蹊径。一开始他在芝加哥从事金融领域的工作，但在业余时间，他不断拓展自己真正感兴趣的信息技术领域。当时正值 20 世纪 90 年代中期——一个网络和网络公司（著名的泡沫）无限扩张的年代。威尔士无法抗拒来自新世界的召唤，因此于1996年，他与一位大学老友创立了博米斯公司（Bomis），这是一家数码公司，开发了芝加哥市的第一个在线门户网站。该网站一举成名。此后威尔士便辞去金融工作，开始全身心投入他热爱的互联网领域。1998年，他正式进军数码世界。作为一名计算机爱好者，威尔士非常熟悉自由软件（也称为开源软件）领域。例如理查德·斯托曼的GNU或李纳斯·托沃兹的LINUX项目，这些操作系统由多个程序员免费或有偿协作编译，并向所有人开放。这一理念对他产生了巨大的启发，并在后来成为他这项伟大成就——维基百科的基础。

正如安德鲁·李在《维基百科革命》中所写，在那些年研究过的众多数字中，威尔士偶然发现了Emacs文本编辑器，也就是自由软件先驱——理查德·斯托曼发明的开放文本编辑器。

当我1991到1992年间在印第安纳大学读研究生时，被分配到UNIX系统账户上做数据分析。当时我还处在学习阶段，碰巧看到了Emacs文本编辑器并阅读了相关介绍。我的第一反应是："哇，多奇怪的想法。"但随着时间的推移，我开始理解这件事的意义，并逐渐由怀疑转向热情。

在使用 Emacs 文本编辑器等应用程序的过程中，威尔士意识到，这一领域的专家可以相互协作，由软件研发转化为信息输出，这是他创作百科全书的初始动力，如今广为流传的维基百科就这样应运而生。

但在 20 世纪 90 年代初，鉴于底层构架尚不完备，维基百科还未正式进入市场。威尔士在哲学论坛的参与者中找到了帮助他实现这一计划的得力助手——拉里·桑格。

桑格比威尔士小两岁，是热衷于网络知识最早的一批用户，活跃于各大数字论坛和社区中，两人相识时桑格还在攻读俄亥俄大学哲学专业博士。

经过各种网上交流，2000 年，博米斯公司的老板向这位年轻的哲学家抛出橄榄枝，邀请他做团队项目负责人。这一项目涉及各领域基础知识，由行业专家共同合作创建在线百科全书。该百科全书后来被称为“Nupedia 计划”（Web 版的线上百科全书计划）。桑格接受了，并于 2001 年 3 月从俄亥俄州搬到了博米斯的所在地圣地亚哥，开始担任总编辑，参与该项目。

桑格是博米斯唯一有偿雇佣的员工，百科全书的其余合作者，从审稿人到编辑，再到各个学科领域的管理者，都是由威尔士亲自选出的。不同的是，桑格是从各大在线论坛的参与者中选出的。开源和数字化协作的精神就像魔力胶一样，让全国各地的人们日夜守在显示器前，相信通过合作可以取得伟大的成果。

短短几周内，桑格就成功组建了一个由数十名成员组成的小组，他们在自愿的基础上负责组织和编写百科全书。这位年轻哲学家接触的许多人都是研究人员、博士生或拥有学术职位，学识差距成为他第一个亟待突破的瓶颈。

Nupedia 计划的出发点是充分发挥互联网数字技术（例如电子邮件和开放编译的软件）的速度优势，出于学术严谨性，需要按能力进行学术资源配置，并进行同行评审、控制和来源验证，但这同时也使效率大打折扣。这一过程是出版和传播知识不可避免的程序，但也与威尔士想让文化产出删繁就简的愿望相冲突，最重要的是与其为互联网用户提供可直接在线使用的免费数字百科全书的雄心相冲突。

威尔士本人希望为这本新生百科全书的金融部分做出贡献，他是该领域的专家，但发现自己在整个把控过程中有些无所适从：

> 我已经离开学术界好几年了，因此现如今重回这一专业领域对我而言如同准备考试一般煎熬。

桑格领导的团队花了整整九个月的时间才完成第一个词条，这应该足以让你明白词条的编写和校对是一项严格、耗时耗力的大工程。如果按照这个速度下去，Nupedia 项目的耗时将长达几世纪。也正是因为这个原因，尽管条件和资源都到位了，但这个项目似乎注定要惨败……

幸运的是，此后不久，第二次转机出现了，这使得威尔士在此项目后续的改革中攻破了此前的两大难题，并由此锚定他对线上百科全书计划的新愿景。而促成这一转机的关键因素是一位有远见的五十岁计算机科学家。

一辆快速夏威夷巴士

沃德·坎宁厄姆 1949 年出生于印第安纳州，20 世纪 70 年代从计算机科学专业毕业后，他搬到了俄勒冈州波特兰，就职于著名的电子和测量设备公司泰克。除了对信息技术的热情之外，他对人工智能的兴趣为他迸发新想法创造了有利条件。20 世纪 80 年代中期，为了在他工作的公司内将其有关人工智能的想法付诸实践，他开发了一个苹果电脑的应用程序，该程序能够协助他的同事完成项目，熟悉业务流程。

这款苹果电脑的应用程序被嵌入进第一台 Macintoshes（计算机术语）中，是历史上最早的超文本软件之一。它诞生于 1987 年，2004 年被苹果公司停产，其操作非常简单，像所有此类程序一样，它允许人们将卡片、单词和人物链接在一起。坎宁厄姆用它来策划公司的项目，取得了意想不到的成功。

我在办公过程中十分依赖这个程序，起初没有这个程序时，我会翻找各种人事、项目档案，同事们难免会说："这里有问题。"接着他们会到处整理东西，不断填补和修复一些缺失环节。

20 世纪 80 年代末，网络还不存在，计算机联网对一部分人来说仍然是一种奢侈。因此，坎宁厄姆研发出的这一程序只能在他的计算机上"运行"，结果就是他的办公室经常人满为患。而这个过程也奠定了如今我们在维基百科上能收获到的所有经验，每天有数百万人协作，修改、丰富词条并在各词条间建立联系。20 世纪 90 年代初，坎宁厄姆在新兴网络上整合并试验了他的协作方法，这加速了他的想法的创新。1995年3月，这位计算机科学家推出了波特兰模式存储库——这是一个面向程序员的网站，任何人都可以通过这个被坎宁厄姆称为“维基”（wiki）的新应用程序修改文本和内容。

这个注定在21世纪变得如此流行的奇怪术语从何而来呢?

1982年，坎宁厄姆度蜜月时去过夏威夷，在太平洋中部的那些岛屿上，他发现了直达巴士，这些在小城市停靠的巴士被称为“维基维基”（wiki wiki），在夏威夷语中的意思是“非常快速”。当他发现自己必须给他的软件命名时，他想到了夏威夷巴士，瞧，“wiki”似乎是数字协作的完美名称，这种方法可以通过集体智慧的融合使灵感快速闪现。

我们可以总结他这一创新背后的理念：没有一个人能够独自了解一切，即便在谈论单一学科或单一主题时，我们也必须联合起来，让尽可能多的人合作。只有大家共同努力的成果相加起来，才可能很快取得成绩。这从一开始就是坎宁厄姆的哲学方法。我觉得我认同这种方法，并且相信这种方法比孤立、无缘或无所不知却单一的天才灵感更有驱动力。

后者是集体进程的结果。事实证明，人口更多的城市会产生更多的创新。这种创新也会加速人与人之间的相遇（在广场、文学咖啡馆、数字平台上），如此一来文化就会蓬勃发展。

让我们说回维基和坎宁厄姆。感谢IT的进步，尤其是网络的诞生。在 20 世纪 90 年代，这位美国计算机科学家能够将他的想法转化为具体且可共享的东西。为此，他在 1995 年以开源格式免费发布了名为“维基”的软件。该软件允许在开放模式下创建任何主题的网站，并且页面可由访问者编辑。他自然也成了这个软件的首名用户，正如我们所看到的，他为波特兰模式存储库站点的用户提供了这种可能性。这种做法可能看起来很疯狂：毕竟当时已经存在黑客的问题，黑客可以进入网站并将其闹个底朝天，而在这种情况下，网站不仅没有任何防御，甚至还邀请人们修改页面和内容，确实是令人难以置信的转变。

维基吸引了许多人的关注，尤其是 IT 专家的关注，但如果 Nupedia 的创始人（对他们来说是幸运的）没有发现它，并成功将其用于他们的百科全书，它永远不会成为今天的样子。就这样，当威尔士和桑格的雄心撞上坎宁厄姆敏锐的 IT 神经，Wiki + Nupedia = Wikipedia。

从 Nupedia 到 Wikipedia

目前还不清楚是谁拦截了坎宁厄姆对 Nupedia 的首次访问。拉里 · 桑格声称，一位合作者告诉了他这件事；而吉米·威尔士则回忆说，是博米斯的一位同事向他讲了这件事。详细分析这个起源对我们来说并不重要，我们感兴趣的是观察 Nupedia 和 Wiki 的相遇是如何创造出这种创新性革命工具的，但与此同时，同行（即使不是专家）间的责任制，以及让民众参与并出谋划策的新型文化交流方式给专家带来了压力。借助 Wikipedia，内容的生产，更广泛地说是文化的生产，可以从自上而下的质量管理分层和金字塔结构转变为自下而上的网络结构。

如果在编辑—主编—审稿人—作者的这一循环作业中加入金字塔结构和刚性供应链，那么网络世界中固化的角色都将会被打破。这种角色的跳跃有利于整个环节更为流畅的运作，准确来说，也加速了维基百科的产出率。

Nupedia 的主编拉里·桑格就是这样向 Nupedia 社区展示维基软件的创新性。他写了一封主题为“让我们共建维基”的邮件。

给 Nupedia 添加一个小配件并不是个过分的提议。吉米·威尔士认为很多人可能会觉得这个想法有问题，但我不同意……

我们可以创建一系列可公开编辑的网页，例如我可以开始编写一个名为“认知循环”的页面并添加所有我需要的内容。其他任何人（是的，绝对是其他任何人）都可以随意对其进行任何类型的更改。

可编辑界面也非常简洁，任何可以编写或编辑 Nupedia 词条的人都可以处理它。我创建的主页面还包含其他页面链接，当然所有其他页面都可以通过链接访问主页面。该项目作为大力普及的一类公共资源，只存在一些规则和指导方针约束。

这些链接是使用带有大写首字母的分组单词来表示的，如下所示。如果存在 wiki 页面，该单词将显示下划线，否则单词末尾将显示一个可点击的感叹号，以允许任何人就该主题撰写内容。

并非所有 Nupedia 项目的创始和参与者都参加了这场改革，正如威尔士所预测的那样，一部分人开始抱怨整个过程缺乏控制力。他们担心，如果将百科全书公开并可供任何人编辑，很快就会造成无政府状态。

因此，2001 年 1 月 15 日，威尔士和桑格决定将两项举措分开：一个是 Nupedia 及其上述经典流程；另一个 Wikipedia 只设立一个总管理者，没有层级控制。今天我们知道这两种方法中哪一种获胜了，因为很少有人知道 Nupedia 这个名字，而 Wikipedia 则是日常生活广为人知的一个词。

下面提供一些数字来验证 Wikipedia 为何优于 Nupedia，并最终优于人类历史上创建的任何其他项目。一方面，Nupedia 花了 9 个月的时间编写出第一个条目，并且在 2001—2003 年，它只制作了 25 篇文章；另一方面，Wikipedi 开放社区仅在第一个月就创作出 200 篇文章，并且在第一年，活跃用户呈指数级增长，创建的词条达到了 18 000 个。

截至 2001 年 1 月，维基百科推出后的几天内，每天的点击量达到 5 000 次。如今，其访问量已达数亿，到 2020 年，它已成为世界上访问量第五大的网站，每月平均访问量接近 60 亿，仅次于谷歌（Google）、优兔网（YouTube）、脸谱网（Facebook）和百度（Baidu）。

为这一词条编辑做出贡献的人数持续增长。意大利语版的维基百科有 200 万注册用户，但其中只有 10 000 名活跃用户。这个社区在 20 年间已经产出 1 600 000 个词条，总计 774 019 542 个单词。与此同时，得益于 144 000 名活跃用户（注册用户为 41 300 000 名）的社区，英文版的词条数已达到 6 300 000 条。简而言之，这些数字（截至 2021 年 3 月更新）是威尔士、桑格的灵感与坎宁厄姆想法相结合的产物，在这二十年的历史中，这些词条数目不断壮大。

如今，维基百科是世界上查阅次数最多的百科全书，超越了以往所有的竞争对手。例如，诞生于18世纪末的《大英百科全书》，它只有4 000名贡献者（维基百科是其30倍以上）和120 000篇文章（只有维基百科词条数目的1/60）。来自著名大学的教授、伟大的学者和诺贝尔奖获得者都曾参与过《大英百科全书》的编写工作；与此不同的是，任何人都可以在维基百科上写作，即使不是注册用户，维基百科也已成为世界上大多数人的知识搜索引擎。

如果你觉得这一切很奇怪，相比某个学科顶尖专家的撰写内容，有人却更喜欢阅读普通人编写的词条。这显得很荒谬，那么我只能告诉你，在这样的文化变革进程中，困惑是很正常的。20世纪20年代，物理学家尼尔斯·玻尔（Niels Bohr）在谈到革命性量子力学的诞生时说道："如果你没有任何困惑，那就是你还未理解这场变革。"

然而，如果你认为使用和传播由非专家或非知名学者组成的社区编写的信息存在一定风险，那么你要意识到的是，二十年后的今天，维基百科仍会充满错误和不准确之处。从长远来看，由于创建者的层级差别和用户之间的多重关系，这个开放的百科全书应该比传统的百科全书质量更高。确实如此，如今经典百科全书中的许多条目甚至更加可靠、编写得更好，但由于本地和全球视野的结合，维基百科所实现的“专业性”令人印象深刻。以维基百科意大利页面专门介绍2014年10月的热那亚洪水为例，读完这些页面后，问问自己还有哪些百科全书、哪些编辑团队可以提供如此及时的信息。只有相关领域的爱好者和小百科全书狂热粉才能编出这样的条目。

在不涉及太多细节的情况下，可以公平地说，维基百科并不是纯粹的无政府状态。除了互相纠正（推动维基百科发展的主要驱动力）之外，“维基百科人”还给自己制定了规则，以最优方式管理庞大的信息群和新闻流。要了解有关这些规则的更多信息，我建议你阅读标题为“维基百科：五条中流砥柱”的页面，其中说道：

维基百科是一本百科全书，而不是不加区别的观点集合；

1. 维基百科具有中立的观点，条目不得仅包含某一方的观点，应该包含该主题所有的不同理论。

2. 维基百科是免费的，因此任何人都可以遵循某些行为准则来修改其内容。所有内容均根据“知识共享署名－相同方式共享”（CC BY-SA）和“GNU自由文档许可证”（GFDL）

免费许可证发布，并且可以根据规定引用或使用。

3. 维基百科有一套行为准则，因此即使你不同意它的观点，也必须尊重每个维基百科人。我们举止文明，共同秉持“爱维基”的原则，避免利益冲突、人身攻击或敷衍话术。维基百科是一个协作项目：旨在寻求共识，避免无效编辑和页面的重复性。

4. 除了本页列出的五项原则外，维基百科没有固定的规则。因此，在编辑条目时不要吝啬，因为贡献的乐趣并不要求您达到完美，尽管这是百科全书的最终目标。不要过度担心打乱条目，所有先前的版本都会被保存，因此不会对维基百科造成不可挽回的损害。

5. 除了基本的“编辑”按钮外，在维基百科为编纂者提供的诸多工具中，可以在查阅和/或想要修改“讨论”区域的条目文本的正上方找到“年表”。首先，维基百科是一个虚拟论坛，此论坛是个开放性论坛，但对学术把控十分严格，其中讨论了相关条目的各个贡献者对同一词条的不同编纂；其次，年表中还以完美的时间顺序显示了谁写了什么，这样一方面任何人都可以控制引理的演变，另一方面会提高编辑者在词条编辑过程中的责任感。

从金字塔到网络化，一场文化变革

在课堂上，我和社会人类学的学生一起，将维基百科的一个个词条视为一个个迷人的案例，这种现象被称为群体智能。一个个普通的词条通过超链接建立起了联系，这种联系会带来意想不到的卓越效果。

就好比大自然中数百万通力协作的蚁丘，通过突触连接的数十亿个神经元作用下的大脑，以及天空中的鸟群迁徙时的壮观景象，维基百科也将这种合作付诸实践。如此一来，文化模式效仿了自然模式，技术发展也在不断借鉴生物学原理。

要理解这种集体智慧，仅仅查阅维基百科是不够的，甚至编译或更正条目也是不够的。要了解其魅力，就必须访问“维基百科最新词条网”网站（http://rcmap.hatnote.com/），其中来自世界各地各个用户对百科全书的所有实时更新都会显示在这个地图上。借助这样一个平台来观察维基百科时，我可以保证，你将见证一场盛大的文化表演：时而欣赏列奥纳多的名画《蒙娜丽莎》，时而感受莫扎特《唐璜》音乐世界的魅力，抑或漫步在但丁《神曲》的文化世界里。不同的是，刚才提到的那些都是个人作品，而维基百科是一个巨大的集体结晶，但如果必须让我指明人类如何才能进行一场社会变革，那我敢保证维基百科这样的存在势必可以掀起一场文化革命。这并不意味着个人才能将被忽视，相反个人价值的彰显离不开互联网的蓬勃发展。

维基百科的有趣之处不仅在于它所承载的内容，更代表着一种文化典范，它可以协助我们在有效的时间内涉猎生活中的多个领域，从商业到出版，从金融到艺术，从科学到政治。而以往模式中，金字塔和等级制度的崩溃，有利于网络配置中元素的重组。

技术和数字设备拉近了人与人的关系，移动设备（计算机、智能手机、平板电脑）也缩短了人与人的沟通距离，正因如此，一场深刻的文化革命正悄然来临。

最后，我将尝试用一个强有力的科学类比来证明这些转变任重而道远，通常是肉眼无法察觉的。但与此同时，它们也不可逆转地标记着我们与他人的相处方式，重建了人类所处的社会结构和生存环境。

为了更好诠释这一点，我将举一个化学物理转变的简单例子。在这个例子中我们可以感受到的是，数字化对人类社会造成的影响就好比水从固态（冰）到液态的转变。

假设我们从冰箱中取出一些冰块，将它们放入平底锅中，然后放在炉子上加热。同时我们将温度计插入锅中。在该过程开始时，温度计显示的温度为 –18℃（家用冰箱通常所处的温度），但随着热量的供应，温度计的显示值在几秒钟内开始逐渐增加：–17，–16，–15……–5，–4，–3，–2，–1……一旦温度到达“0”℃，就会发生一些意想不到的事情，这让我们领悟到何为变化。

到目前为止，实验中的一切似乎都很清楚，当我们逐渐向系统提供热量（能量）时，我们可以验证并测量到温度在呈比例递增。但是，一旦达到“0”℃，这种规律似乎就被打破了：在继续提供热量的同时，几秒钟、几分钟过去了……温度计的读数仍然停留在“0”℃！这到底是怎么回事？通过向系统施加热量，我们怎么可能没有注意到来自外部的任何东西？事实上温度并没有改变，但仔细观察锅里的东西，你会发现一些有趣的事情——水正在从固体转变为液体。我们知道，目前为止热量还因为没有改变温度而被浪费掉，但实际上这些热量还有其他用途，它们可以改变物质的结构。在这一阶段，热量打破键合，重新组织原子在水中凝聚，物理学家和化学家将这一规律称为“转变潜热”。

现在请允许我离开原子世界，回到文化、维基百科的世界来解释我打的这个比方，近年来我们似乎正在打破 20 世纪固有的社会纽带，也就是在 20 世纪建立起的金字塔层级关系。随着互联网、网络、智能手机和所有我们可利用的信息技术的出现，我们似乎正在削弱原本固有的纽带，溶解或摧毁那些僵化的金字塔，以创建一个更具流动性的社会，以前通过金字塔关系间接产生联系的各级元素，如今可以通过网络直接产生联系。

目前我们还处于转型阶段，在一些即便已经完成转型的领域，你仍然可以看到过去金字塔关系链的影子，但这一过程对我们而言似乎的确不可避免。

这场以技术为驱动力的文化革命的主宰者将永远是人类（就像水从固态到液态时仍然是水一样），但其将由一个人转化为一群人，并演变出更多样化的思考模式。维基百科似乎教会了我们这一切，为我们指明了通往未来的道路。

结语

这本书到这里也该完结了，现在轮到你来读读它了。然而，我的工作并未就此结束，我将继续保持好奇，观察这个科技世界，我希望面对我们每天触手可及的这些科技产品，你们也不要停止思考。正如你们所理解的，它们不仅仅是科技的产物，更是驱使人类进步的动力，这些产品从根本上改变了我们人类的生产生活方式。我希望你们已经明白，人类创造的这些产物值得更多关注，因为它们代表着我们人类文化和科技的先进程度。

我们应该充分使用各类科技产品，积极观察、探讨、批判新旧技术，不要认为这一切的存在是理所当然的，不要被动地生活，要树立主人翁意识，积极主动参与其中，因为只有集体和有意识的技术设计才能让我们人类得到更好的进化。是的，因为这是个属于技术的时代，如果我们设计出更好的机器和设备，人类本身也会随之进步。在我看来，科技革命是整个21世纪最令人着迷的一项挑战。

致谢

首先，我要感谢我的家人，我的伴侣爱丽丝和我的女儿米娅和塞西莉亚，因为每次我创作一本书，尤其是像这样具有挑战性的书时，我会将大部分时间花在写作上，无法抽身充分陪伴我的家人。而正因为你们的理解和支持，让我不会因缺席你们生活中的一些时刻而感到愧疚。谢谢你们，我最亲爱的家人！

其次，万分感谢我的意大利语老师玛丽亚·罗莎·潘特，她是我阅读和写作的启蒙者，是她让我爱上了阅读和写作。直到今天，她仍然会阅读我写出的每一份底稿，并始终激励着我在写作这条路上变得更好。感谢您，我的老师！